浙江省普通高校"十三五"新形态教材

# 品牌与系列化包装设计

过 山 孙 茜 编著

电子工业出版社
**Publishing House of Electronics Industry**
北京·BEIJING

## 内容简介

本书基于品牌与系列化包装设计发展现状和趋势，系统介绍了在品牌理念指导下的系列化包装设计理论与方法。具体内容包括：品牌与系列化包装概述、品牌设计与品牌形象、系列化包装视觉形象设计、系列化包装版式设计、系列化包装形态设计、系列化包装设计的发展与创新共六个章节。本书以新形态形式，不仅提供了理论讲述与案例分析，还提供大量与内容匹配的数字资源，对品牌与系列化包装设计间的关系、相互作用以及设计方法进行诠释。书中经典案例的选择具有代表性和针对性，易于阅读者的理解和思考。

本书为解决基于品牌理念的系列化包装设计及塑造品牌视觉形象提供了基本理论和解决方法，注重挖掘人文内涵和创新理念，既可作为高等设计类专业教学用书，也适合作为品牌策划或包装设计从业者的职业教育与岗位培训教材，对广大艺术设计爱好者来说也是一本受之有益的读物。

## 图书在版编目（CIP）数据

品牌与系列化包装设计 / 过山，孙茜编著. —— 北京：
电子工业出版社，2024. 6. —— ISBN 978-7-121-48193-2

Ⅰ. TB482

中国国家版本馆CIP数据核字第2024937HH0号

责任编辑：王　花
印　　刷：河北鑫兆源印刷有限公司
装　　订：河北鑫兆源印刷有限公司
出版发行：电子工业出版社
　　　　　北京市海淀区万寿路173信箱　邮编100036
开　　本：787×1092　1/16　　印张：7.5　　字数：192千字
版　　次：2024年6月第1版
印　　次：2024年6月第1次印刷
定　　价：45.00元

凡所购买电子工业出版社图书有缺损问题，请向购买书店调换。若书店售缺，请与本社发行部联系，联系及邮购电话：（010）88254888，88258888。

质量投诉请发邮件至 zlts@phei.com.cn，盗版侵权举报请发邮件至 dbqq@phei.com.cn。

本书咨询联系方式：（010）88254609 或 hzh@phei.com.cn。

# 前　言

习近平总书记早在 2014 年就高瞻远瞩地做出了"中国产品向中国品牌转变"的重要指示，为我国品牌发展指明了方向。加快推进品牌建设是我国推动经济高质量发展、提升国际竞争力的举措之一。品牌是企业的灵魂，一个好的品牌，对于目标用户的购买决策具有直接而强大的影响力，可以为企业带来更大的经济效益。

系列化包装受经济发展规律的支配，是商业竞争驱动下的产物。系列化包装设计是当今包装设计的主流形式，是企业创立品牌、促进销售的强有力手段。品牌能够帮助客户在消费时做出选择和判断，因此，如何将品牌与系列化包装设计相互融合，使企业商品在激烈的竞争环境中获得受众的青睐，正是《品牌与系列化包装设计》一书撰写的目的。为了紧跟不断变化的商业市场，拓展设计师的创新能力，作者汇聚多年的包装设计实践经验和包装设计教学心得，用敏锐的洞察力探索市场前沿，并加以归纳，且为书中每一章节的内容提供配套的数字资源，以二维码形式植入书中。

作为包装设计师最具挑战性的就是有效传达品牌理念和商品信息，它要求设计师首先具备一定的品牌认知和掌控能力。本书第 1 章"品牌与系列化包装概述"的内容结合品牌的诞生和发展，讲述品牌与系列化包装的历程，概述了品牌和系列化包装的基本概念、成因和关系，以及系列化包装助力品牌赋能的途径。第 2 章"品牌设计与品牌形象"介绍了品牌设计理念、品牌识别、品牌符号等，使读者了解品牌设计的核心理念，具备市场分析能力。此外，品牌的理念和价值观如何通过产品的包装传递给消费者，也是设计师始终追求的目标。本书通过第 3 章"系列化包装视觉形象设计"、第 4 章"系列化包装版式设计"和第 5 章"系列化包装形态设计"，从系列化包装设计的介入点出发，结合当代商业模式、文化传承以及消费观念等，以理论＋案例分析的方法较为深刻地探讨了这一课题。第 6 章介绍了"系列化包装设计的发展与创新"，为新思潮冲击下的设计师提出了前瞻性的系列化包装设计解决方案。

"互联网＋"时代，传统纸质教材与数字化教学资源融合形成的新形态教材，已成为教材建设的一种新趋势。本书适逢 2018 年浙江省高等教育学会开展"十三五"新形态教材建设，更有幸获得电子工业出版社的大力支持，才获得和读者交流、探讨的机会。本书不仅充分融合了线上线下混合式课程建设的数字化教学资源，也融入了基于品牌化的包装设计优秀案例视频分享。本书的撰写工作主要由杭州电子科技大学的过山教授完成。在撰写过程中有幸得到了杭州电子科技大学的孙茜副教授、湖南工业大学包装设计艺术学院的陈艳球副教授、张郁老师，以及刘雅雯、陈安妮、李静怡、贾珍慧、尹亚维、叶文孝、杨凡、李首龙等研究生的通力合作，还有设计公司和业界朋友的大力支持，在此深表感谢！

　　品牌是国际综合竞争力的具体体现，系列化包装设计承载着受众对物质生活及精神生活的向往。我们期许本书成为设计交流的媒介，与您携手提升我国的品牌建设及包装设计水平，促进我国经济长期向好发展。

过　山

2024 年 3 月 6 日于杭州

# 序　言

2019 年 4 月，教育部、科技部等 13 个部门正式联合启动"六卓越一拔尖"计划 2.0，全面推进新工科、新医科、新农科、新文科建设。其中新文科是建设高等教育强国的一种创新性探索，重在构建中国特色高等文科人才培养体系，全面提高文科人才培养质量。2020 年 11 月 3 日，由教育部新文科建设工作组主办的新文科建设工作会议在山东大学（威海）召开，会上发布了《新文科建设宣言》，指出新文科建设以全球新科技革命、新经济发展为背景，突破传统文科思维模式，通过继承创新、交叉融合，实现文科教育的更新升级。

自 20 世纪末期以来，由数字技术引发的大融合在社会发展的各个方面不断凸显。高等教育领域的文科专业，也日益出现"科学、艺术和人文"融合的发展趋势。时代与科技同步，数字媒体在社会行业中炙手可热，其中数字媒体艺术、传播学、网络与新媒体等专业成为高校中的热门专业。这些专业都与数字媒体、信息传播、艺术设计有着不可分割的关联。高校文科教育的多学科交融特性越来越明显，影视类、传媒类、设计类、美术类和艺术设计类相关专业之间的界限越来越模糊。加强文科专业现代化建设，促进交叉复合型人才的培养成为当下高等教育的使命。

面对国家战略和重大社会需求，各高校纷纷进行文科学科和专业布局的优化调整，启动"新文科"教育改革。当前文科专业的培养方案、课程体系和实践内容，都在进行改造，强调融合。这对高校培养人才的课堂教学，提出了新的要求与挑战。糅合了人文类课程、艺术类课程、计算机类课程、新闻传播类课程的新文科课程日渐增多。教材建设是专业建设和课程建设的重要支撑，也是高校深化教育改革、全面推进教育现代发展的重要保证。在基于学科融合的新文科教育改革背景下，探索新文科课程教材建设、提高文科教材编写质量，具有重大意义。

2018 年杭州电子科技大学人文艺术与数字媒体学院推出了"数字媒体艺术专业（立方书）"系列教材，该系列教材突破了传统纸质教材的编制模式，融入了"互联网＋教育＋出版＋服务"的理念，较好地体现了"科学、艺术和人文"相融合的特征，获得良好的市场反馈。2019 年浙江省高等教育学会又将杭州电子科技大学人文艺术与数字媒体学院十余本系列教材立项为"十三五"第二批新形态教材建设项目，该系列教材在原有系列教材基础上，做了较大调整，不仅扩大涵盖课程面，也更加顺应当前科技发展的趋势。全套教材融合了基于移动互联网和人工智能的虚拟现实、增强现实技术，通过配套移动软件提供丰富、即时的学习内容，是一套具有数字化、立体化、可视化特征的新形态教材。

自 2019 年起，教育部面向全国高校开展一流专业、一流课程遴选，并把优秀教材建设作为一流专业、一流课程建设的"硬指标"，形成了"一流专业""一流课程"引领"一流教材"建设，"一流教材"建设支撑"一流专业""一流课程"的良性发展局面。教材建设与选用已纳入高等教育质量监管系统。教材建设与选用也将陆续纳入高校本科教学工作合格评估、审核评估以及"双一流"建设成果的考察范围。相信这一批新形态教材，对促进我国新文科教育改革的发展、提升一流专业建设的水准、打造高校一流课程，都大有助益。

恰逢杭州电子科技大学人文艺术与数字媒体学院系列教材出版，借此机会，我也期待着有更多高质量的新文科教材呈现出来，有效促进文科内部及文科与其他学科门类的深度融合，打破学科壁垒，培养出基础扎实、创新能力强的新型人才，切实促进我国各学科门类发展和研究的深化，擘画出我国高等教育的美好未来。

# 目　录

# 第 *1* 章
# 品牌与系列化包装概述

互联网时代，伴随着经济技术及文化的迅速发展，我国越来越多的产品开始走向世界，国内外品牌竞争格局日趋激烈，品牌已是一种商品综合品质的体现和代表。运用品牌战略可以使企业由区域性营销转向全球国际化营销，品牌建设已成为很多企业创新发展的重要举措。很多品牌开始实施整合营销传播策略，试图通过不断推陈出新以获得消费者的青睐，其中，一个重要环节就是品牌的系列化包装设计。包装是直面消费者的品牌触点，优良的包装设计极大地增强了品牌与消费者的良性沟通。包装作为企业品牌战略的一部分，必须树立品牌意识，使商品从低附加值向高附加值升级。

## 1.1 品牌的基本概念

现代包装设计是一项与企业整体战略有机结合的行为，需要将品牌置入包装，从品牌视觉形象系统、品牌文化传播、商业环境的设计等系列行为塑造商品完整的品牌体系，这样才能发挥整体效应，保持产品长久和旺盛的生命力。品牌包装的功能不仅仅是"包"与"装"，或者局限于视觉审美的层面，而是承载了更多的品质和价值需求。因此，设计师首先应该了解品牌的基本概念。

### 1.1.1 品牌探源

"品牌"一词来源于古斯堪的纳维亚语"Brandr"，意思是"烧灼"，因为早期的欧洲游牧民族会给自己的牲畜烫上独特的烙印，以便交换时区分。在古代，中国人、埃及人、希腊人以及罗马人都曾通过加盖印章以示自己对财产、物品的所有权和对质量的保证。当喜欢或需要某件物品时，可以根据物品上的标记购买。公元1266年，英国通过了《面包商标法》，该商标法要求出售的面包上需加盖图章或标记以示生产商，方便消费者了解生产商，这些标记可以说是品牌的商标雏形。

英国人 William Bass 于 1777 年创立了巴斯（BASS）公司，公司成立之初主要以饮料和啤酒的生产及销售为主。1875 年，巴斯的红三角商标成为英国第一个注册商标，如图 1.1 所示。这款 LOGO 最初被贴在味道微苦的淡色艾尔啤酒瓶上，如图 1.2 所示。在 19 世纪和 20 世纪，这个三角形标志悄然出现在爱德华·马奈的绘画（见图 1.3）、毕加索的几十部作品中，以及小说《尤利西斯》和其他读物里。尽管 BASS 商标现在不如以前那么知名，但它却同李维斯、强生、亨氏和壳牌等众多知名品牌一样延续了百年历史。

图 1.1　巴斯的红三角商标　　　　　图 1.2　啤酒瓶标签　　　　图 1.3　爱德华·马奈的绘画

西方国家的品牌起步要比我国早，一是因为西方发达国家庞大的市场为品牌提供了运行载体；二是先进的生产力和社会分工发挥了催化作用。19 世纪包装零售商品的出现标志着品牌市场化的开始，宝洁（P&G）、爱马仕（Hermès）、李维斯（Levi's）、路易威登（LOUIS VUITTON）、巴宝莉（BURBERRY）（见图 1.4）、可口可乐、百事可乐等品牌相继创立，用自己特殊的标记和符号树立了第一批商业市场中的品牌形象。20 世纪，由于资本主义自由竞争，出现更多著名品牌，如我们耳熟能详的肯德基、麦当劳等品牌于 20 世纪 50 年代问世。这些品牌历经百年风雨洗礼，依然长盛不衰。

图 1.4　巴宝莉（BURBERRY）

我国在 20 世纪 60 年代出现了"商标"和"牌子"的说法，如大白兔奶糖（见图 1.5）、飞天茅台酒（见图 1.6）、西凤酒（见图 1.7）等已是当时的知名商品，但还没有出现"品牌"这个专用名词。直到 20 世纪 90 年代，随着改革开放的推进，我国才开始广泛使用"品牌"一词。

图 1.5　大白兔奶糖　　　　　　　图 1.6　飞天茅台酒　　　　　　图 1.7　西凤酒

如今，品牌已是一种商品综合品质的体现和代表，体现消费者对企业产品及产品系列的认知程度，或者说是人们对一个企业及其产品、售后服务、文化价值的一种评价和认知，是一种信任。当人们想到某一品牌的同时总会联想到其文化、价值，甚至时尚。企业在创品牌时不断地培育文化，创造时尚，随着企业的做强做大，品牌也从低附加值向高附加值升级，向产品开发优势、产品质量优势、文化创新优势的高层次转变。品牌是能给企业带来溢价、产生增值的一种无形的资产。伴随着商品市场竞争的日益激烈，品牌发展迎来了真正的黄金时代。

什么是品牌？被誉为"现代营销学之父"的菲利普·科特勒（Philip Kotler）对品牌做出的定义是："品牌是一个名称、名词、符号或设计，或者是它们的组合，用以识别某个销售者或某群销售者的产品或服务，并使之与竞争对手的产品和服务相区别。"即品牌是销售者向购买者长期提供的一组特定的特点、利益和服务。被称为"现代广告教皇"的大卫·奥格威（David Ogilvy）认为："品牌是一种错综复杂的象征，它是品牌属性、名称、包装、价格、历史、声誉、广告方式的无形总和。"大卫·奥格威先生将品名、标志、包装等视觉元素纳入品牌设计中。

因此，品牌是用以识别某个销售者或某群销售者的产品或服务，并使之与竞争对手的产品或服务区别开来的商业名称及其标志，通常由文字、标记、符号、图案和颜色等要素或这些要素的组合构成。

目前，培育国际知名品牌成为当前世界各国经济发展竞争的制高点。中国经济正处于发展的关键时期，"制造大国、品牌小国"的现状已经到了亟待改变的关头。发展品牌经济，建设品牌强国，是推动经济发展再上新台阶的有力举措。因此，中国已将品牌战略提升为国家战略。2017 年，国务院批复同意将每年的 5 月 10 日设立为"中国品牌日"。品牌兴邦，已成为时代赋予我们的重要使命。华为 LOGO 及产品如图 1.8 所示。

图 1.8　华为 LOGO 及产品

### 1.1.2　品牌价值

作为一种无形资产的品牌是有价值的，不仅是因为品牌在形成和发展中蕴含着成本，而且因为品牌优势能为拥有者创造价值。"品牌价值"是经济学上"价值"概念的延伸。"品牌价值"概念表明，品牌具有使用价值和价值。仅从价值来看，"品牌价值"的核心内涵是品牌具有用货币金额表示的"财务价值"，以便商品用于市场交换。

品牌拥有者可以利用品牌开拓市场，凭借品牌的无形资产获取利润，即品牌能为其拥有者带来更高的溢价以及稳定的收益，同时也可能给消费者带来功能与情感效益。简而言之，在企业通过对品牌的专有和垄断获得物质文化等综合价值的同时，消费者通过对品牌的购买和使用获得功能和情感价值。

品牌价值既可以是功能性利益，也可以是情感性和自我表现性利益，它是在企业和消费者相互联系作用中形成的一个系统概念。其根本目的是在目标消费群体的认知中构建品牌信念，从而建立品牌知名度与消费者的忠诚度。通常，我们将品牌价值分为有形资产价值和无形资产价值。品牌有形资产价值是指品牌在某一个时点，用类似有形资产评估方法计算出来的金额（市场价格）。品牌无形资产价值是指品牌在消费者心目中的综合形象，包括品牌属性、品质、品位、文化、个性等，体现该品牌能为消费者带来的价值。塑造特定的品牌文化、强化品牌个性等，将对品牌价值甚至品牌发展方向的转变产生积极影响。五粮液国宾酒彩装版如图 1.9 所示。

图 1.9　五粮液国宾酒彩装版

## 1.2　系列化包装的概念

产品转化为商品离不开包装，产品需通过包装才能走向市场。包装是一古老而现代的话题，也是人们长期研究和探索的课题。包装设计的历史与人类文化的兴起紧密相连，科技的进步以及品牌的传播也为包装行业的发展起到有效促进作用。包装材料、加工工艺、存储和运输等，以及不断演化的消费模式，这一切的一切，都为包装业的发展与兴盛奠定了基础。今天的包装已从起初单单满足产品的基本功能需求，发展成种类繁多、内容复杂的产业，它已经成为世界经济社会中的重要组成部分，是引导消费、主导潮流、赢得市场的关键所在。这种不断上升的发展趋势，对社会整体和设计业都会产生巨大的影响。百度百科对包装设计的解释是："包装设计是一门综合运用自然科学和美学知识，为在商品流通过程中更好地保护商品，并促进商品的销售而开设的专业学科。其主要包括包装造型设计、包装结构设计以及包装装潢设计。"

### 1.2.1　包装的历程

从总体上看，包装大致经历了原始包装、古代包装、近代包装和现代包装四个发展阶段。

#### 1. 原始包装和古代包装

距今一万年左右的原始社会后期，随着生产技术的提高，生产得到发展，有了剩余物品需储存和交换，于是开始出现原始包装。葛藤、植物茎叶、贝壳、兽皮等都是原始的包装材料，这是原始包装发展的胚胎。

陶器的诞生是包装进程中最引以为傲的（见图 1.10），它的出现解决了粮食、果蔬、酒水的储存及装运问题。我国是世界上最早发明陶瓷容器的国家，也是最早使用漆器的国家，尤其是战国秦汉时期，漆器的轻便、美观，以及不易破损的优点，使之成为食品、化妆品包装容器的最佳选择。到了公元 750 年，陶器已在东西方被广泛使用。因此，古代包装已熟练应用陶瓷、木材、金属加工的各种包装容器，其中许多技术经过不断完善发展，一直沿用至今。陶瓷用作女儿红的包装容器如图 1.11 所示。

图 1.10　马家窑文化陶器　　　　　　　　图 1.11　女儿红的包装容器

#### 2. 近代包装

18 世纪 60 年代，西方爆发的工业革命加快了包装的发展进程。1837 年，金属罐装食品方法被采用；1839 年，纸板包装开始了商业化生产；1868 年，美国发明了第一种合成塑料袋；1871 年，美国人阿尔伯特·琼斯（Albert Jones）发明了单面瓦楞纸板，用于包装玻璃灯罩和类似的易碎物品；1911 年，英国生产了玻璃纸，等等。自 19 世纪以来，包装开始显示出培育产品与包装材料及设计之间的相互依赖关系。在消费者的心目中，产品和包装逐渐被视为一体。加之 19 世纪维多利亚风格、20 世纪初新艺术运动等对包装设计与风格产生的巨大影响，无论是包装技术还是包装艺术设计，近代包装都开始向现代包装迈出了前进的步伐。

近代包装主要是为商家的单一产品服务的，即使某一商家有系列化的产品，系列化的包装形式也甚为少见。例如，箭牌创始人威廉·瑞格理（William Wrigley）于1893年推出了系列口香糖，有两款口味：薄荷味白箭和水果味黄箭。其包装（美国包装博物馆收藏的1893年箭牌口香糖）暂未采用系列化形式（见图1.12）。令人惊叹的是，在恭王府内的馆藏里竟然藏着一组系列化的包装，是清朝王宫女眷与驻京的外国使节妇人们密切交往而获赠的西方化妆品。该化妆品属金属包装，由红、蓝两色组成一个系列，当时正是铁制品包装盛行的时期，其视觉表现明显受维多利亚设计风格影响（见图1.13）。由此可见，系列化包装产生于19世纪末、20世纪初。

图1.12    1893年箭牌口香糖

图1.13    西方化妆品（清代）

### 3. 现代包装

进入20世纪，科技的进步和新销售模式通过各种包装材料改变了商品与社会文化整合的途径。新材料、新技术不断出现，聚乙烯、纸、玻璃、铝箔以及各种塑料、复合材料等包装材料被广泛应用，防震包装、防盗包装、无菌包装、保险包装、组合包装、复合包装等技术日益成熟，从多方面强化了现代包装的功能。而新的销售模式也催化了系列化包装的产生和发展。尤其是20世纪50年代，随着电视广告的出现和自助式购物商业的兴起，具有开创性、利于产品和包装发展的平台得以建立和完善，它促进了品牌的塑造，提升了包装的价值。

销售方式的改变也为现代包装的发展带来生机。1916年，美国田纳西州孟菲斯市的克拉伦斯·桑德斯（Clarence Saunders）申请了"自助式商店"的专利名称。1923年，旧金山出现了一个名叫"水晶宫"的占地68000平方英尺（约6317平方米）的自助式商店。随着1933年辛辛那提市注册名称为"超级市场"的艾尔伯超级市场的开业，自助式购物正式对以售货员为主导的传统零售发起了挑战。自助式超市模式很快建立起来，欧洲的连锁零售商以惊人的速度控制了绝大多数包装产品的消费市场。自助式购物的兴起使得包装设计的重要性与日俱增，因此当时的产品包装也常被称作"沉默的推销员"。

社会经济、科学技术、销售模式等方面的变化，都深深影响着包装产业的发展。同一商家的单一产品已经满足不了消费者日益增长的商品需求，消费者多样化的需求以及销售商的激烈竞争便是系列化包装产生的原动力。20 世纪初，伴随着超级市场的出现，加之生产商对品牌的意识加强，系列化包装已经开始大量涌现，并迅速普及。1912 年箭牌口香糖一个系列三种口味，采用了完善的系列化包装设计方法，产品用红、蓝、绿三个颜色进行了区分，并伴有 POP 包装进行销售（见图 1.14）。此外，Kodak（柯达）影像产品（见图 1.15）、Gillette（吉列）剃须刀（见图 1.16）等，其品牌的传播力伴随着产品的系列化包装设计而快速提升。20 世纪 30 年代，系列化包装被越来越多的供应商采用，以此形成统一的视觉形象。

图 1.14　Kodak 产品（约 1935 年）美国包装
博物馆图片

图 1.15　柯达影像产品

图 1.16　吉列剃须刀

至此，系列化包装设计渐渐以超过单项产品包装设计的趋势向前发展。我国因为包装行业起步较晚，20 世纪 80 年代才出现较为成熟的产品系列化包装，但发展趋势势不可挡。如今，"新零售"（New Retailing）作为后互联网时代的新商业模式已启动消费购物体验的升级，系列化包装在充满激烈竞争的市场领域将发挥更大优势。牛栏山酒包装如图 1.17 所示。

图 1.17　牛栏山酒包装

### 1.2.2　系列化包装

随着市场竞争逐渐激烈化，企业将单项产品朝多元化方向发展，研发和生产更多系列化产品，以扩大品牌的影响力。这些产品投入市场产生了系列化包装（Series Packaging）。系列化包装是目前国际包装行业一种普遍的设计形式，也是品牌时代商品竞争的必然趋势。

系列化包装又叫"家族式"包装。它针对企业的同类产品，以商标为主体，将同一商标统辖下的所有产品，在形象、色彩、图案和文字等方面采取共同性设计，使之与竞争企业的产品产生差异，更易识别。系列化包装的产品仅限于同类产品（见图 1.18），不得让非同类产品渗入其中，避免产生杂乱无章之感，从而对消费者造成误导。另外，系列化包装设计的档次要易区分，如果产品档次参次不齐，却以系列化包装形式出现，就会失去销售价值，影响消费者对整个品牌的信赖度。

图 1.18　GHEEZ IT 饼干

系列化包装出现在超市货架上，以其统一协调的形象、重复排列的阵容，类似排山倒海之势吸引着消费者的注意力。它比独立包装更能有效传播信息，快捷地连接产品与消费者间的情感。因此，系列化包装设计已成为包装设计中广泛应用的手段。它不仅涉及图形、色彩、文字等视觉语言的同一性把握，材料的选择、容器的结构、包装造型等都是组成系列化包装的主导因素。除此之外，还涉及印刷工艺、成型工艺、消费心理学、市场营销学、人体工程学、技术美学等多方面的知识运用，以便更科学、更合理地适应产品特点，符合市场规律，满足消费者的需求（见图 1.19）。

系列化包装设计作为社会形态的综合体现，还必须跟随时代，反映人们的生活方式及审美习惯，体现一定的社会内容和文化风尚。许多经典的系列化包装设计，正是科学与艺术、物质与精神等各种因素相互联系、相互贯通、相互渗透的综合体（见图 1.20）。可见，系列化包装设计已远超越单纯地对图形、色彩、文字、造型等形式美的研究。要准确把握系列化包装设计的方向，必须了解品牌的个性以及产品的特征，掌握市场发展趋势、销售形式、受众心理、科学技术对包装的影响和制约等，才能创造出能有效提升销售业绩的包装形态。

图 1.19　绝对伏特加酒

图 1.20　樱花风咖啡

### 1.2.3　影响系列化包装发展的因素

从包装的历史进程来看，影响包装发展的重要因素离不开三个方面：社会经济的变革、科学技术的进步和品牌竞争的影响。

#### 1. 社会经济的变革

20 世纪初，美国经济繁荣，中产阶级日益壮大。尤其是"二战"使西欧各国遭到严重削弱，美国因远离战场，而大力拓展世界市场。到 20 世纪 50 年代中期，全世界一半以上的产品是美国生产的，美国市场的繁荣催化了全世界第一个超级市场诞生。大型购物中心和超级市场的发展，进一步刺激了产品需求。其中最为典型的就是食品需求量的急剧增长，人们对食品的消费需求向多样化、多量化、特色化的方向发展。各大商家纷纷拓展食品运作规模，知名的产品，如 WRIGLEY'S（箭牌）、QUAKER（桂格）、Welch's（淳果篮）（见图 1.21）等，其产品种类的多样化，使其大踏步向系列化包装迈进。当然，其他消费产品同样也是紧跟这一趋势。

图 1.21　Welch's grape juice（约 1951 年葡萄果汁）

20 世纪 80 年代，几乎在世界范围内出现了经济繁荣的热闹景象，也包括中国。我国有句俗语"民以食为天"，食品依然是商家最感兴趣的卖点。各式各样预先烹制好的外卖食品也开始出现，系列化包装成为众多品牌广泛应用的形式。在普通的超级市场内，货架上排满了数万件各式各样的商品，你会轻易地发现 80% 的商品都采用系列化包装，如图 1.22 所示。

图 1.22　货架上的系列化包装

### 2. 科学技术的进步

科学技术是人类文化中一个重要的组成部分，它对人类文化的发展起着巨大的推动作用。科学技术中所包含的工程技术和包装材料创新等对包装的影响最为重要。工程技术的革新给包装技术、制版印刷技术等带来了革命性的变化，并影响了包装设计的形式转变。

20 世纪是人类科技飞速进步的时期，应用最新科学技术成果革新包装生产技术促进了包装经济的稳定发展。在货品的分配模式、销售模式发生改变的同时，技术上的种种突破也带来了先进的生产工艺、生产过程以及新型材料的创新。材料的创新主要体现在金属铝箔材料（见图 1.23）和各类塑料的研发上。面对科技所带来的欣喜，在生产行业处于领先地位的公司，纷纷雄心勃勃地迈入了崭新的产品制造时期。

图 1.23　喜力啤酒

1913 年，福特汽车公司开发出了世界上第一条汽车流水生产线，其创新理念使人们将注意力投向了效率和成本。当生产商制造出多样的产品时，选用系列化包装的形式便使得企业可以将产品的灌装流程、运输流程、容器制作流程、包装设计流程等成本费用降至最低。即使财力雄厚的供应商也不会为品种繁多的产品提供截然不同的包装，从而增加额外成本。采用系列化的包装形式，通过特殊设计的组件、系统来缩短包装及包装设计的时间，减少装运成本，意味着为生产商减少了大量的开支。当供应商、生产商朝着以最少的用料提供多种包装作业的方向转变，也促成了系列化商品的优势价格定位，深受消费者的青睐。

### 3. 品牌竞争的影响

在市场领域内充满了竞争，而创造和寻求独特的竞争优势，正是市场营销最为重要的目的。市场营销是供应商能力和市场需求之间的一个匹配过程；目的是获取丰厚利润、取得竞争优势。当显露或潜在的市场需求被发掘时，供应商扩张产品的横向生产线，开发系列产品便势在必行。

当多样化的产品被开发时，公共所有的产品名称便不能在包装上起到绝好的推广作用，只有独一无二的品牌才是信誉与质量的保证。品牌是产品推广中不可低估的卖点，它可以通过包装展示其独特的竞争优势。而包装设计的主要责任就是品牌推广，并使之在零售货架上占据显赫位置。当旗帜鲜明的品牌名称出现在同类产品的一系列包装上时，无疑已经保证了同一性。再加上其他视觉元素的规范统一，品牌通过这一可视化的形式拉近了产品与消费者之间的距离。它以重复出现的方式不断给消费者传递着信赖（见图1.24）。

　　系列化包装强调了产品群的整体面貌，货架上品牌视觉形象的反复展示，不仅增强了产品的宣传效果，也加深了消费者对品牌的认知度和记忆力，扩大了企业的声誉，是树立企业品牌形象、获取品牌竞争优势的有效手段。

图 1.24　索菲亚的茶 SOPHIA'S

## 1.3　系列化包装与品牌的关系

　　系列化包装是紧紧伴随着品牌的扩张而兴起的，其强大的视觉展示魅力以及品种多样化的呈现，比单体包装更利于企业形象的宣传，能够更好地为创建品牌服务。系列化包装不仅仅可以保护商品的静态特征，也不是单纯的商品销售媒介，它更主要的功能是直接参与市场竞争，从而成为促销的利器。因此，系列化包装设计成为打造品牌形象力的一个关键。

### 1.3.1　系列化包装促品牌传播

　　品牌是消费者对产品的总体印象，是产品综合竞争力的体现。只有品牌化才能提高产品的附加值；只有品牌化，才能让资产有所积累。品牌的一面是气质，体现在品牌理念、品牌个性等上；另一面即颜值，体现在品牌标志、产品造型、包装设计、广告、网页、界面等品牌形象上。品牌具备无形资产价值，但它并非独立的实体，其主要目的就是通过某种形式让受众记住某一产品或服务。因此，品牌必须借助物质载体进行传播，通过一系列的物质载体使品牌可视化，即形成独特的品牌形象。品牌形象是人们对品牌颜值的视觉感知，它离不开与商业传播息息相关的包装视觉设计。包装能通过展示品牌标志、图形、色彩等形象元素，刺激消费者的形象感知，加深品牌记忆。如"立顿"以其明亮的黄色向世界传递它的宗旨——光明、活力和自然美好的乐趣，它强调将人文关怀的色彩体现到从包装设计到产品销售的整个过程，乃至产品生命周期的各个阶段，从而使自己的产品品牌产生润物细无声的效果，保持顾客长久的品牌忠诚度（见图1.25）。

品牌的颜值离不开设计，消费者对品牌的综合判断首先来自包装视觉方面的认知。包装除了直接展示标志、呈现自身形象之外，也是连接产品及广告的纽带。包装设计是现代商品整体架构的一部分，它对于商品而言除了具有基本的保护、储存、展示商品的功能之外，最重要的价值还体现在通过视觉设计对消费者心理产生一定影响，起到宣传品牌、增加商品附加值、引发购买欲的作用。一般情况下，系列产品可能囊括同一类别的所有产品。系列化包装对企业的同类产品在品牌名称、商标、图形、文字、色调、造型等方面的统一，强化了产品的视觉冲击力，加大了品牌宣传效果。

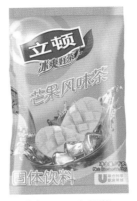

图 1.25　立顿茶

除此之外，包装设计还需解决开启、闭合以及拿取产品等问题，涉及包装的功能设计、材料设计。优化包装与消费者的交互性，关系到消费者的使用过程体验，即对品牌的感知。如"百草味"的多宝盒（见图 1.26），盒身取自传统藏宝盒形制，运用巧妙的收纳设计，象征聚集好运财运的聚宝盆，寓意天下美好尽汇一堂。为年礼赋予深厚的文化内涵，是开拓和加强品牌气质体验的重要途径，这种体验感知同样能为品牌带来更多附加值。包装设计是一项系统工程，应以在消费者心智中建立品牌认知为最终目的。在借助设计体现产品特性的同时，展示品牌的气质和颜值，使产品具有溢价销售的可能。

图 1.26　百草味的"多宝盒"

纵观世界知名品牌，大多数均以系列化产品及包装形式出现。如世界十大知名化妆品品牌中，无论是香奈尔、兰蔻，还是伊丽莎白·雅顿、克里斯汀·迪奥（见图 1.27），或是雅诗兰黛、资生堂，等等，其产品几乎全以系列化形式出现，以满足消费者的多样化需求。当然，产品的系列化包装展示也更充分地传递了产品信息和品牌形象。

图 1.27　克里斯汀·迪奥的凝世金颜

视频 1：迪奥真我
女士香水

系列化包装是产品的保护物、宣传物。对于消费者来说，品牌和系列化包装几乎是紧密联系，不分彼此的。通过系列化包装庞大的视觉传播元素，直接塑造品牌的形象，并在消费者和产品之间建立了一种联系。设计师进行包装设计之时，便是为企业塑造品牌之际。因此，包装设计影响着品牌的传播。

### 1.3.2　系列化包装助品牌赋能

对于国家而言，品牌是一项综合实力的象征；对于企业而言，品牌是一种市场竞争的利器。出色的包装设计是创造成功品牌的关键。现代包装已超越了纯粹的功能性而成为商品品牌传播的重要媒介，有些时候，包装的重要性甚至与产品本身平分秋色，并发展成时尚新观念的催化剂。当系列化商品不断涌现，包装设计的责任就是更大化地推广品牌，在零售货架以及互联网"新零售"形式下，占据消费者心目中的显赫位置，帮助品牌赋能。

"赋能"最早是心理学中的词汇，旨在通过言行、态度、环境的改变给予他人能量。品牌赋能就是给品牌拥有者赋予某种能力和能量，即产生超出其本身所具备的能量。在产品和市场之间，品牌是桥梁，是纽带。包装是消费者与产品品牌的第一个触点，是传播品牌信息的重要载体。消费者通过包装认识品牌，通过品牌了解产品。只有品牌才能让产品优质优价，让产品具有附加值。

目前，系列产品开发是企业商业模式上通用的战术，企业生产系列产品以求得到不同偏好的消费者喜爱，获取持续性或更大化利润已成普遍现象。被誉为"竞争战略之父"的迈克尔·波特（Michael E. Porter）在《竞争战略》一书中为商界人士提供了三种卓有成效的战略：总成本领先战略、差异化战略和专一化战略。而系列化包装设计综合了三种战略的优势：它既能因采用同一设计方案，有效缩短设计周期和减少设计工作量，大大提高设计工作效率；又能在印刷和制作阶段，由于部分印版和制作的公用性节约生产成本。系列化包装能通过视觉形象、材料应用等展示品牌个性和理念，用设计表达实现品牌的差异化。品种繁多的系列产品也能较好满足不同消费者的物质需求和心理需求，赢得缝隙市场战略的胜利，实现品牌赋能。

### 1. 品牌赋能的因素

系列化包装是品牌的视觉载体。在货架上它以排山倒海之势将品牌的商标、信息、图形、色彩、造型等多项要素系统化呈现，展示品牌视觉化的专属特征（见图1.28）。包装设计以可视化的方式表明了品牌的承诺，并在消费者和产品之间建立了一种联系，优秀的包装可以让消费者义无反顾地做出选择。

系列化包装是品牌传播的极佳渠道，无论是依靠其强劲的货架展示，还是产品的多样化品类细分，当承载品牌信息的商品被认知和购买，品牌也就深深植入消费者的心里，因为优质的产品以及好的消费体验会加强消费者对品牌的黏性。

图 1.28　雀巢咖啡

### 2. 品牌赋能的途径

一是对于没有形成品牌烙印的企业而言，可以通过后端大数据的分析，总结市场发展与需求，帮助企业进行市场定位、产品定性、品牌定向，取得最有价值的核心竞争力。在品牌经济时代，无视品牌而停留在低端发展层次，正是许多小微企业、小农经济个体品牌发展的瓶颈所在。

二是针对初具品牌意识的企业而言，面对的压力是品牌竞争。基于市场调研，以大量数据分析为指导，将品牌发展策略与产品的包装、价格、广告等结合，使之调整或注入新的理念与动力。例如，1931 年创立于上海百雀羚日用化学有限公司（简称百雀羚公司）的"百雀羚"，是国内屈指可数的历史悠久的著名化妆品品牌。独有的芳香引领了一个时代的化妆品风潮，其东方美韵备受女性消费者的青睐。品牌曾被多次评选为"上海著名商标"，并荣获"中国驰名商标"等称号。在 20 世纪 80 年代，由于化妆品市场竞争激烈，国际品牌主导市场，百雀羚也渐入低谷。为重新树立品牌形象，20 世纪 80 年代末，百雀羚公司在国内首创肌肤由单纯的"保护"诉求进入全面"护理、滋养"的护肤新理念；2000 年起，百雀羚公司勇于创新，传承经典，先后推出了多款天然温和的"草本护肤"系列产品，引领国货护肤新概念。在打造品牌的同时，百雀羚的包装焕然一新，天圆地方的包装容器设计是由百雀羚公司市场部与来自香港、深圳、广州、上海等多地设计团队共同完成的。天圆地方包装容器的设计是"天人合一"思想的具象呈现，将天地间五行草本的精华盛装在这一天圆地方瓶之中。天圆地方瓶的设计概念在结合品牌理念的同时，又向消费者传递出天然安全、草本护肤的品牌思想。极具中国传统器皿美感的绿色瓶子和可循环的纸盒包装造型，让消费者感受到浓郁的传统文化和愉悦的视觉体验（见图 1.29），完美演绎"中国传奇，东方之美"。由此可见，品牌赋能为品牌提供了核心价值，帮助品牌创造了新的生命。

视频 2：百雀羚

图 1.29　百雀羚的"草本护肤"系列产品

# 第 *2* 章

# 品牌设计与品牌形象

　　品牌是人们脑海里的记忆，也是内心的感受，品牌设计就是要定义、创造、管理这种独特的情绪和感受，使之形象化。品牌设计是在企业自身正确定位的基础上，基于正确品牌定义下的视觉沟通，是一个协助企业发展的形象实体，不仅协助企业正确地把握品牌方向，而且能够使人们正确地、快速地对企业形象产生有效深刻的记忆。一个公众喜欢的品牌必须具备这些优良品性：一个易传播、易记忆的"品名"；经过优选化或系列化的商品"品种"；深获口碑好评的"品质"；对待客户有责任、有担当的"品德"；内涵丰富、不同凡响的"品位"；表里如一、人见人爱的"品貌"。可以说品牌设计就是通过恰如其分的"品貌"展示品牌的"品名""品种""品质""品德"和"品位"。

　　品牌设计涉及企业或产品（包括服务）命名、标志设计、VI设计、包装设计、界面设计、展示设计、广告设计等，并区别于其他企业或产品的个性塑造，它是一个系统化设计（见图2.1）。产品包装是体现一个品牌的重要载体，包装设计是品牌设计的组成部分，一名优秀的包装设计师不仅应该掌握视觉设计语言，还应了解品牌设计的核心理念，具备市场分析能力。

图 2.1　WOODYE 品牌

## 2.1  品牌设计理念

在品牌建设中，品牌设计是将品牌定位、品牌个性、品牌文化等有机结合，从而进行视觉化呈现，再通过媒体传播，尤其是当下通过互联网等社交媒体渠道推动营销的设计活动。品牌设计是一种关于促进品牌传播，保持持续盈利的价值设计。人类的信息主要是通过视觉输入的，"让视觉说话"是全球品牌传播策划者共同努力的目标。

### 2.1.1  品牌定位

消费者购买某类商品时，会第一时间联想到特定的品牌，这些品牌在消费者心智中占领独特的地位。当然，不是所有商品都能称为品牌，只有少数能在一定程度上代表某一品类的商品才能称为品牌，这种让品牌成为一个品类代名词的策略离不开品牌定位。

品牌定位是企业在市场定位和产品定位的基础上，对特定的品牌在文化取向及个性差异上的商业性决策。一个品牌必须在商业竞争中找到自己与众不同的定位，才能脱颖而出。品牌定位是品牌策划的核心，系列化包装设计是围绕品牌定位呈现差异化而展开的视觉形象策略，以便形成消费者心智中专属的品牌联想。

很多企业对设计公司提出"请设计一款包装吧"，对产品的包装仅停留在单一的形象需求，属单向产品思维，而非品牌思维。无论是新或旧品牌的包装设计，背后都会有品牌定位做支撑。一旦品牌定位确立，一切关于品牌的视觉形象设计都将围绕这一核心进行，即品牌定位是建立一个与目标市场有关的品牌形象的过程和结果。成功的品牌定位是经过深度分析而执行的品牌战略行为，包含了市场定位、消费群体定位、营销策略以及个性策略。

品牌定位的基本原则是研究用户的心理特征和潜在需求，即消费痛点。进行品牌定位可先借助于消费者行为调查，了解目标消费者的生活形态或心理状态，目的是找到切中消费者需要的品牌利益点。市场上有千千万万的产品，但很多企业在品牌建设方面的缺失以及产品的同质化现象，让消费者越来越难记住它们的品牌，尤其是新建品牌。如何将设计思考的焦点从产品属性转向消费者利益，首先应找准市场空隙，锁定目标消费者。近年来，白酒市场上一个很受欢迎的品牌——"江小白"，可以提供借鉴。

江小白的创始人陶石泉表示，每次朋友聚会大家都要喝上一点白酒，但是太高端的酒对于年轻人来说消费不起，而廉价的白酒又感觉似乎上不了台面。于是研究竞争者的定位与诉求，细化品牌定位，开发一款"年轻化"的白酒——"江小白"，从用户需求出发而诞生。江小白的定位很准确，也与众不同：它不是一般的白酒，而是定位于"情绪饮料"，它的消费对象是不懂酒的年轻群体。陶石泉将产品定位于竞争者未开拓的市场区域，其定位策略让企业避免与强有力的白酒企业竞争对手发生正面冲突，产品的某些特征或属性就可以与竞争者的产品形成差异。

很多人都说江小白的成功离不开优秀的文案，它的文案表达与品牌定位相符，纯真又率性。文案与包装设计紧密相连，瓶贴上印满个性化的江小白语录，让消费者对于江小白有着更加深刻的认知。加之基于互联网技术，社会化的线下平台与互联网的线上平台有效结合，企业实施市场定位精准化活动，让其目标消费者产生极强的品牌黏性，给企业带来巨大的竞争优势（见图 2.2）。

由此可见，定位是用创造性的眼光挖掘品牌特征，准确地向目标消费者表达内涵，同时考虑企业和产品自身的条件以及相关成本及利润。品牌定位是对公司、产品或服务的内涵之深刻表达，它为品牌塑造提供了可行性蓝图。

图 2.2 江小白酒标和文案

### 2.1.2 品牌个性

一位非常有个性的人往往给人印象深刻，品牌亦如此。品牌个性就像人的个性一样，它是通过品牌传播赋予品牌的一种心理特征，是品牌形象的内核，它创造了品牌的形象识别，使我们可以把品牌当作人一样看待，让品牌人格化、活性化。一个品牌要让消费者接受，完全不必把它塑造成全能形象，只要有一方面胜出就已具有优势。

大部分心理学者认为，个性是由各种属性整合而成的相对稳定的独特的心理模式。品牌个性是品牌形象（品牌表现、品牌个性、公司形象）的一个重要构成维度，是消费者认知中品牌所具有的人格特质。

很多人认为品牌个性就是品牌形象，其实品牌个性比品牌形象更深入一层，形象只是造成认同，个性可以造成崇拜。如德芙巧克力：牛奶香浓，丝般感受。品牌个性在于"丝般感受"的心理体验（见图 2.3）。把巧克力细腻滑润的感觉用丝绸来形容，个性张扬，意境高远，包装上也以此为视觉形象予以传播，使"德芙"独具一格、令人心动。

图 2.3 德芙巧克力

在产品同质化、竞争白热化的今天，设计师只有重视品牌的个性化，才能使品牌在消费者的心智中占据独特地位，培育出更多的品牌忠诚者。

### 2.1.3　品牌文化

传递品牌不仅需要张扬品牌个性，也需要依托于品牌的文化内涵。品牌文化是品牌在经营中逐步形成的文化积淀，代表着一种价值观、一种品位。品牌文化是通过品牌识别将文化价值观输导给受众的，它凝结着时代文明发展的精髓，渗透着对亲情、友情、爱情和真情的深情赞颂，倡导积极向上、奋发有为的人生信条，可以帮助受众寻找心灵的归属，实现自身的梦想和追求。

品牌文化是与民族传统文化紧密相连的，品牌设计中将优秀的民族传统文化融入，更易让消费者产生共鸣。品牌源于消费主体的文化需求和自我形象塑造的要求，也就是说，在品牌文化中继承民族传统文化需要符合民族的审美情趣，进而在消费者心灵深处形成潜在的文化认同和情感眷恋。此外，品牌文化应与商品特性相匹配，并通过包装等途径将文化价值观悄然输导给受众，只有自然、切合的传播才能使消费者欣然接受。

创立于1954年的"中华"牙膏，2011年6月全线产品新装上市，推出了"我的微笑，闪亮未来"的口号和品牌新形象。品牌形象保持了"中华"老品牌的传统文化特征，同时增添了弧形的笑脸图案，让品牌形象融入了时代元素。中华牙膏在推出美白、口气清新、全效、中草药和防蛀5个系列的产品之后，2019年与国家博物馆联手推出了新的系列产品：由"恬姜味""牡丹味""淡竹味"组合的三款潮流限量版（见图2.4）。这款系列化包装设计从视觉上颠覆了消费者对中华牙膏老国货中规中矩的印象，不同口味的包装采用了不同的国家博物馆宝藏元素进行设计。用国风美学打造了令当代"90后"和"00后"追捧的国潮文化。设计元素采取与生活息息相关的历史文物，看似展示古人精致考究的生活方式，实则诠释品牌文化与中华千年文明一脉相承。系列包装通过惊艳的设计表达，用时尚演绎了文物的古典美学，激起"颜值派"年轻人对传统文化的喜爱，"刷屏"的背后体现了品牌文化赋予品牌的强大魅力和张力。

如今，"国潮"已成为当下消费市场的热宠。消费者对于国潮的追求，本质上就是一种自我实现的精神需求，也是内心文化认同感的表现。通过系列化包装展示品牌文化，借助爱晒屏、爱分享的年轻群体传播品牌文化，无疑是传承文化和传播品牌的极佳手段（见图2.5）。

图 2.4　中华牙膏与国家博物馆
联手推出系列产品

图 2.5　百草味 - 万家灯火

## 2.2　品牌识别

品牌识别（Brand Identity）就是定义品牌，是品牌营销者希望创造和保持的，能引起人们对品牌美好印象的联想物，与品牌核心价值共同构成丰满的品牌联想。一个强势品牌必然有丰满、鲜明的品牌识别。

### 2.2.1　品牌识别与品牌形象

#### 1. 基本概念

国际著名的品牌研究专家大卫·艾克（David A. Aaker）对品牌识别的定义是："品牌识别是品牌战略者们希望通过创造和保持的能引起人们对品牌美好印象的联想物。"根据诸多学者的观点，可以得出品牌识别代表着企业、产品或服务的外在表现，优秀的品牌识别能完善传达品牌本质、品牌意识，在消费者心中形成良好的品牌形象。品牌识别应该是战略性的，不仅要求建立清晰独特的品牌形象，更要求在经营上履行品牌的承诺。从品牌管理角度来看，品牌识别必须先于品牌形象形成。品牌形象是为了更好表达品牌的信念、理想。

建立品牌识别是品牌所有者的一种行为，是组织能够创造和保持与品牌有关联的理念、特质、承诺和事物，作用是通过传播建立差别化优势。而品牌形象则是在消费者心目中对品牌的综合看法和态度。形象是集中公众对产品、品牌、公司等的想象。形象牵涉到公众通过产品、服务和传播活动所发出的所有信号来诠释品牌的方式。简而言之，识别是针对信息传播者而言的，形象则是对此诠释的结果。

#### 2. 形象识别系统

品牌形象主要是通过视觉来传达的，是对品牌识别诠释的结果，是对品牌含义的推断，也是对符号的解释。品牌在获取消费者认知的过程中，视觉形象就发挥着至关重要的作用。若要塑造优质的品牌形象须建立完善的品牌视觉形象识别系统。

形象识别系统（Visual Identity，VI）是运用系统的、统一的视觉符号体系，将企业理念、企业文化、服务内容、企业规范等抽象概念转换为具体符号，塑造出独特的企业形象。形象的塑造需要依靠设计来达成，即由设计的传达使消费者对企业产生认知或认同。

形象识别系统可以从根本上规范企业的视觉基本要素，是品牌形象塑造过程中的核心部分，包括：品牌名称、品牌标识（LOGO）、标准字、标准色以及品牌口号（Slogan）等。形象识别系统分为基本要素系统和应用要素系统两方面，该系统设计是传播企业经营理念、建立企业知名度、塑造品牌形象的关键。通过视觉呈现品牌战略定位，将产品和目标消费者联系起来。形象识别系统有助于品牌传播时言之有物（见图 2.6）。

图 2.6　无印良品

一个强势品牌必须有一个清晰的、完整的形象识别系统。VI 是最先传递给消费者的，往往构成消费者对品牌的第一印象、第一认知。建立品牌的视觉形象识别特征是使消费者形成鲜明、牢固品牌印象的前提，是一个新品牌创建的核心，也是稳固品牌强势地位的最根本保障。它可以将企业各种不同类型的产品组织在内，以一种风格、一种形象扩大企业的知名度，从而带动其他产品的销售，形成视觉上的统一，以点带面最终产生良好的经济效益。

### 2.2.2　建立品牌视觉形象

包装设计是品牌识别的组成部分，也是产品转换为商品的最后一程，是令消费者产生购买欲望的关键。一般品牌形象识别系统中的应用要素系统会对包装设计提出相关规范要求。包装设计本身就是一项系统工程，需将许多要素根据不同的目的有机组合，它承载着诸多品牌信息，直接影响着消费者对企业产品品质的判断。包装设计应以品牌形象识别系统为指导，尤其是系列化包装设计，以便展示出品牌专属形象和风貌。

系列化包装设计在很大程度上是利用品牌识别系统建立统一形象，即通过实行品牌名称和商标的标准化形象与定位，应用品牌标准色、标准字体以及其他共同特征来消除信息的互异性。以同一品牌的统一形象来区别其他不同品牌的产品包装，以利于消费者对品牌和企业形象产生记忆，加深认知度。虽然系列化包装涉及的可变元素有很多，包括产品规格、产品名称、图形、色彩、版式，甚至包装材料和造型等，但这些元素无论如何变化，包装设计的表现手法要始终如一，使其形象在本质上产生统一感。

#### 1. 规范字体

在系列包装中，文字——尤其是品牌名称或产品名称，运用必须统一规范，无论是文字形态、比例还是色彩都应保持一致。要合理安排字体的位置和大小，使用简洁的色彩。除此之外还要限定字体的种类，通常最多采用三种的字体。当文本的数量过多，要增加字体种类时，最好采用同一字体家族内不同风格的字体。这样既能使每一件包装所传达的信息具有统一感，又能使该系列化包装字体清晰明了，整体感强（见图 2.7）。

图 2.7　Skittise 糖豆

### 2. 把握主要色调

色彩的力量对于品牌形象来说十分重要，因为消费者认购商品时经常把颜色作为选货的参考标准。设计师决定品牌色彩时，除了考虑竞争品牌的用色，还需要依据品牌定位。设计师可根据产品的类型和特征，以某种色调或品牌的专用色作为一个系列范围的主调色彩，只在小面积的配色上依产品个性采取变化，使消费者从包装色彩上直接辨认出产品类型和品牌（见图 2.8）。

图 2.8　Keebler 轻度烘烤饼

星巴克咖啡已成为都市青年的生活伴侣。提起星巴克就令人联想到绿色、斯堪的纳维亚（Scandinavia）双尾美人鱼、咖啡杯、包装等。许多设计师都试图从星巴克品牌的形象识别系统中汲取灵感，星巴克索性将其 VI 指南放到网上，供大家交流（见图 2.9）。颜色是一个品牌最容易给消费者留下印象的元素，星巴克直言不讳：“从我们最经典的绿色围裙出发，我们建构了这个绿色的世界。”星巴克的设计团队始终坚持在以绿色作为锚点的前提下，不断地将品牌识别加以视觉强化，树立品牌鲜明的形象，星巴克创意总监 Ben Nelson 说：“每个季度，我们都会从我们的咖啡工艺或饮料中提取灵感，挑选流行色，并通过一系列活动将其推广开来。但所有这些，都以星巴克绿为基底。”无论是从商标、器具、菜单、包装到社交平台上的营销素材，乃至店内一系列的应用场景上，都在遵循绿色主调，借此来持续强化视觉诉求，使品牌的视觉传递与识别能够呈现出高度统一，实现品牌形象的感染力与品牌营销的一体性。“Starbucks Creative Expression”网站内容几乎覆盖星巴克品牌形象识别系统的方方面面，这种开放性的自我表达，也可谓另一种品牌形象传播方式，激发粉丝和业内人士的互动与交流。

另外，也可以直接应用不同的色彩在每件包装上进行区分，但同样需要给消费者整体的感受。此法可运用一些色彩设计技巧减少包装相互间的排斥性，如：在明度与纯度关系上尽量缩小差别，避免色相、明度和纯度的巨大反差，即彩度、纯度、饱和度相似的色彩。系列化包装设计追求色彩搭配的

视频 1：星巴克商标

最佳效果，作为系列化包装系列中的每一件包装，在用色方面均应从系列这一整体出发，单个包装间的色彩要相互搭配，协调统一（见图 2.10 ）。

图 2.9　星巴克 VI　　　　　　　　　图 2.10　JEKL

### 3. 统一图形风格

　　系列包装设计图形多采用商业插画或摄影图片，无论使用哪一种，它们都需忠实于产品的信息传达。在设计应用中要把握好图形风格的一致性、表现技法的统一性，如插画分为写实风格、抽象风格、装饰风格以及卡通风格等，在一整套系列化包装中，只需选择其中一种风格进行表达（见图 2.11 ）。当图形的统一形象确定后，应用中还需规范图形的构图位置和比例大小，因为系列产品的规格影响着包装的体积和形状。规范图形也是减少差异、形成统一性的重要举措。

　　在现代商品的汪洋大海之中，包装已从最初保护商品的单一功能演化成促进商品销售以及提升品牌形象等复合功能，它贯穿整个商品的开发、生产、销售过程。各种商品的品牌形象塑造都离不开包装设计，包装设计已成为创建品牌不可缺少的基石。我们只有充分了解商品的属性以及目标消费者的个性，才能合理运用视觉语言将包装设计与品牌塑造融为一体。

图 2.11　迈阿密鸡尾酒

# 2.3　品牌符号

符号是品牌识别的起源，更是品牌识别的归宿。品牌符号（Brand Symbol）是用户区别产品或服务的基本手段，包括名称、品牌标识、基本色、口号、象征物、代言人、包装等基本要素。优秀的品牌符号是承载和传递品牌信息的媒介，它是形成品牌概念的基础，在品牌与消费者的互动中发挥认知和象征作用。成功的品牌符号代表企业的形象，可以更快更深地让品牌占据受众的心智，是企业的重要无形资产。

### 2.3.1　品牌符号与包装设计

狭义上的品牌符号指的是视觉识别符号，如品牌标识等；广义上的品牌符号甚至是一种味道、一种声音或一种触觉。品牌符号充分调动人的五感——视觉、味觉、听觉、嗅觉和触觉，达到令消费者捕捉品牌信息的目的，包括品牌价值观的浓缩。在品牌传播效应中，符号是重要的工具，是一种由产品属性、企业价值观、消费者体验夹杂而成的象征体系。

人类的信息主要是通过视觉输入的，"让视觉说话"是全球品牌设计者的共同愿望，尤其针对当前时代"颜值当道"一族。创建一个品牌视觉系统，其本质正是创造一套独有的品牌符号识别系统。包装设计集商标、色彩、图形甚至口号于一体，它是品牌符号的综合表达载体。

英国老牌巴宝莉（Burberry）是一个瞥一眼就可以辨识的品牌，他们经典的网格符号代表"传统英伦风"的奢侈品品牌。Burberry 的招牌格子图案是由浅驼色、黑色、红色、白色组成的三粗一细的交叉图纹，是 Burberry 家族经典的品牌符号，体现了 Burberry 的历史和品质。早在 20 世纪 20 年代，Burberry 格纹首度被运用在品牌防渗雨服饰的内衬上，直至 60 年代才成为当今家喻户晓的品牌代表性符号。一百多年来，Burberry 经典格纹成就了多种形式的演绎，不仅在服饰上广泛应用，也出现在化妆品等包装上。格纹图案现已获得商标注册，成为毋庸置疑的品牌标识（见图 2.12）。

图 2.12　巴宝莉香水和橱窗

在 Burberry 品牌首席创意总监 Riccardo Tisci 的崭新视角下，Burberry 格纹将继往开来，继续成就品牌经典，并融入未来的展望。2018 年，以字母"TB"为元素的品牌图案闪亮登场，"TB"是品牌创始人 Thomas Burberry 的名字缩写，以表达对创始人的敬意！最新设计的 monogram（品牌印花）如图 2.13 所示，以品牌经典的卡其色为底，辅以白色和橙色。毫无疑问，"TB"图案展现了无与伦比的视觉张力。

图 2.13　英国老牌巴宝莉（Burberry）新标识（品牌印花）

包装的造型犹如一个人的形体，也是品牌符号的关键。绝对伏特加（Absolut Vodka）是世界知名的伏特加酒品牌，如图 2-14 所示，其以酒瓶造型为识别符号的广告，相信被许多设计师惊叹、折服。它的每一次传播、每一次跨界演绎，都把酒瓶置于中心充当主角，消费者牢牢记住的就是这个来自瑞典的品牌符号：瓶子、瓶子、瓶子。

图 2.14　绝对伏特加酒

当然，包装材料的触感应与包装视觉要素互为一体，即与商标、图形、色彩、造型等共筑品牌符号的个性与价值。

### 2.3.2　品牌标识

品牌的标识（Brand LOGO）也称标志（LOGO），是一种构成品牌的核心视觉要素。品牌标识作为一种特定的视觉符号，是企业形象、特征、信誉、文化的综合体现。它的作用是将品牌理念传递给社会大众，以达成社会对品牌的认知与识别。美国广告专家约翰·菲利普·琼斯（John Philip Jones）曾说："品牌由品牌标识发展而来，长期以来，品牌标识一直是向企业产品提供法律保护的工具。"由此可见，品牌标识在品牌塑造过程中占据举足轻重的地位。

品牌标识是具有象征意义和内涵的视觉符号，即以特定而明确的图形或文字，通过一定的媒体传达出来，是表明事物特征的信息符号。它不仅包含单纯性的指示和识别作用，而且还表明了目的、内容、情感、性质等特征。品牌标识在政府有关部门依法注册后，称为"商标"。商标包括文字、图形、字母、数字、三维标志和颜色，以及这些要素的组合。

包装上的品牌标识即为商标，它是区别商品来源和商品特定质量或服务品质的标记，代表着商品的质量和信誉，它是品牌形象的视觉中心。无论什么产品，品牌标识往往是包装上最重要的元素。在品牌价值时代，这点不足为奇，至少，商标宣告了品牌的所有权。一个定位明确、传达有力的企业标志，如芬达（Fanta）（见图 2.15）等，在传播过程中能有效拉近受众与商品之间的距离，增强对品牌的认知和好感。

图 2.15　芬达

### 1. 品牌标识设计原则

具有准确清晰的意念是品牌标识设计的首要前提。由于消费者短时记忆的信息量只有 $5 \pm 2$ 个单位，也即每次只能记住 3 ～ 7 种信息，因此复杂、累赘的品牌标识很难被记忆。标识作为事物和信息的符号反映，必须清晰准确地表达事物的内涵，才可以行使其职责，发挥作用。

品牌标识设计是一项严谨且具挑战性的工作。每个品牌都有其核心价值，它的承诺、它的潜力，以及它的保证都是品牌标识设计的重要依据。设计师要对企业理念、行业特点进行市场信息分析，在充分掌握市场信息、行业信息、竞争对手信息的基础上，寻求最佳的设计语言和组合方式，把抽象的意念转化成视觉符号。百事可乐 2017 年上海春夏时装周包装如图 2.16 所示。

图 2.16　百事可乐 2017 年上海春夏时装周包装

商品品牌与产品名称是有区别的。产品名称主要体现的是辨别功能，将一个产品与另一个产品区别开来，但产品的个性难以通过名称表现出来。品牌则是产品个性化的表现，它是产品特性的浓缩。品牌标识要准确地反映出品牌的特色、情调、内涵、风采，使之蕴涵浓厚的文化气息。例如，浙江英特集团股份有限公司旗下"会山"品牌，品牌名源于"烟山白术出自新昌回山"，专营中药保健产品，本教材作者的设计团队为之设计的商标既体现中药养生产品特性，又具文化传承（见图 2.17）。消费者通过"会山"标志以及包装设计的解读，便能知晓此种产品的个性特征，感受到企业的价值观（见图 2.18）。

图 2.17　会山 logo

图 2.18　会山阿胶膏包装

## 2. 品牌标识设计的表现技巧

充分发挥图形的视觉冲击力，把握表现技巧是商标设计中的根本点。品牌标识设计重在造型与色彩，过去强调简洁明快的造型理念已经不是现代商标设计的唯一追求，人们审美的演变以及科技的发展都为商标设计提供了更为广阔的空间。繁简不是绝对的衡量标准，能体现时代风貌、适应消费者审美追求、个性鲜明的商标才能赢得市场。

诞生于 1984 年的"健力宝"是中国"民族运动饮料之父"。健力宝 LOGO 是中文书法与英文字母相结合的商标图形。"J"字顶头的点是球类运动的象征，下半部由三条曲线并列组成，如三条跑道，是田径运动的象征。整个商标设计体现了健力宝与体育运动的血脉关系。1997 年"健力宝"成为中国驰名商标，销售额 54 亿元，成为中国饮料业第一。号称"中国魔水"的健力宝，至今已是近 40 年的老品牌，凭借强烈的品牌包装标识，伴随着几代人的成长（见图 2.19）。

图 2.19　健力宝饮料

商标的识别功能要求其色彩鲜明。过去我们总认为色彩越简单，标志就越醒目，识别力也就越高，其实不然。科学的色彩应用以及强烈色彩反差的应用有时候同样会吸引受众。因为我们所面对的是一个多元化的消费群体，在色彩应用中能传达品牌理念、针对受众的设计才会产生共鸣。如美国的 Buddy fruits 商标，展示出俏皮、活力的风貌，如图 2.20 所示。

总之，设计师可以根据需要为广大受众充分营造出一种或浪漫、或热情、或梦幻的氛围。优秀的品牌标识不仅要有别具一格的造型、鲜明的色彩、丰富的内涵，还应易于理解，并在一定程度上激发受众的想象和智慧。同时呈现出视觉的丰富性以及多样变化的活力是现代品牌标志设计的新趋势。

图 2.20　Buddy fruits

### 3. 品牌标识在包装上的应用

在设计品牌标识时，还要考虑将来的设计应用，如包装上的版式、印刷规格、色彩组合等。品牌标识的本质是信息传播，精练、准确的视觉元素以及编排，能更有效地达到传播信息的目的。

通常品牌标识在包装上的应用会有一个展示层次，设计师的任务便是区分这些层次。一般情况下商标在包装主展示面上占有的面积越大、位置越显耀就越易于传达。但排版中因信息的繁多往往此法并非轻松可行，于是可以借助一些特殊的工艺处理，如 UV 上光或凸版印刷；也可用背景色使之凸显，或者在品牌名称与包装图形之间形成一种有趣的关系（见图 2.21）。这些方法可以让消费者明确理解商标传达的信息，还可以让消费者在商场目不暇接的环境中轻松识别出商品。

图 2.21　popss 苏打气泡水

品牌标识还牵涉到商标的造型、颜色搭配、字体组合、象征寓意、风格特征、应用方法等一系列问题，只有在品牌策划的统一性原则下，才能使品牌标识有助于品牌的塑造，发挥其应有的效应。

白（bai）是品牌符号综合表达的成功典范。白（bai）算得上美国饮料界的一匹黑马，2008 年 10 月毕业于波士顿大学的 Ben Weiss 创办了 bai 品牌。bai 的品牌名称源于汉字"白"的拼音，蕴含着"只用天然成分，像白纸一样纯净"的意思。从一开始，Ben 就给这个品牌进行了不同寻常的定位，将"更健康"与"更好喝"完美地结合起来：追求健康，bai 饮料主打低糖低热量，富含维生素 C、多酚等抗氧化物质，契合了大多数消费者的诉求；追求天然，消费者希望产品中所有成分都是天然的，不仅主要原料要天然，所用的添加剂也要天然。在 bai 的产品系列化包装中，从最核心的咖啡果，到白茶提取物，再到使用的天然甜味剂，都在向消费者传递着天然的形象。

白（bai）刚上市的时候，有很多美国人不知道怎么读 bai 这个词，纷纷到网上去查，结果使得这个词很快成为网络热搜词，间接地产生了品牌传播的效果。从另一个角度看，bai 又是 Botanical（植物）、Antioxidant（抗氧化）和 Infusion（注入激情、活力）三个词的首字母拼成，这恰好也反映出了品牌产品的核心卖点。bai 能够在品牌林立的饮料市场中被消费者牢牢记住并形成稳固的消费黏性，品牌形象的塑造是主要因素。bai 很注重产品的包装设计，所有系列的包装采用统一化标识系统，形象简单好记。每款饮料瓶都显露出时尚前卫的气息，迎合消费者的视觉需求。在图案设计上，以白色（见图 2.22）或黑色为底色（见图 2.23），配以醒目的核心原料图片，极具视觉冲击力，辨识度高。在众多的饮料品牌中，bai 的定位是相当清晰而鲜明的，一下子就抓住了饮料消费者的需求和痛点，其 LOGO

与包装设计的和谐统一更是强化了 bai 独特鲜明的品牌形象。

标识符号是品牌和产品的第一张身份牌，一个品牌就是一种标签，从那些成功的全球化品牌身上，不难寻找出它们的共通性——高度符号化，使之更年轻、更具冲击性、更有力量感。

图 2.22　bai 白色瓶装饮料包装

图 2.23　bai 黑色听装饮料包装

### 2.3.3　品牌 IP

IP（Intellectual Property）——知识产权，最初是一个法律范畴的概念，如今在营销领域慢慢演变成一个专用术语，通常指一个广为人知的品牌形象。知识产权本身不能叫作真正的 IP，只有当它被形象化、人格化，并且引爆流行之后才能算是真正意义上的 IP。

近年来，"虚拟偶像＋直播带货"打破次元壁，带动年轻消费群体，IP 逐渐成为一种产品之间的连接融合纽带，它有着辨识度高、自带流量、强变现穿透能力、长变现周期等诸多优点。越来越多的品牌认识到了 IP 形象设计的重要性，它能帮助品牌建立非常高的辨识度和认知度。一个令受众喜闻乐见的 IP 形象，是众多企业品牌建设中可遇而不可求的资源。

品牌 IP 化，是将品牌的价值理念寄托在 IP 身上，通过 IP 孵化产品独有的品格、个性，让产品可以拥有人格化的行为设定和性格表达，IP 成为一种个性鲜明的符号。大部分 IP 都有背景丰富的故事，对于品牌而言，相当于增加了内容营销的切入点，品牌可以围绕 IP 进行内容、话题的生产。随着消费升级、消费者个性化需求的增加，越来越多的品牌认识到了 IP 形象设计的重要性，在互联网营销中，IP 更有利于品牌的塑造和传播。

#### 1.IP 形象

成功的 IP 形象有很多，迪士尼的唐老鸭米老鼠系列是 IP，大白兔是 IP，三只松鼠也是 IP。在很多互联网品牌发展过程中，京东、天猫、苏宁、国美等都在建立自己品牌的专属 IP，无论是形象，还是附属的卡通、漫画、产品，甚至是品牌活动等，他们都致力于打造符合品牌的 IP 形象符号或者 IP family。如 2021 年 6 月上海九棵树艺术中心开了首家大白兔全球 IP 形象品牌店，展示了大白兔"绿色无边界、永续经营"的品牌理念（见图 2.24）。

图 2.24　大白兔全球首家 IP 形象品牌店

　　IP 形象作为图形语言存在，多元的可塑性给设计师带来了广阔的创作空间。IP 符号有明确的造型、色彩和延展性，是高度浓缩的，让人一看到这个符号就能联想到品牌。在打造 IP 形象时，需明确品牌定位及产品风格，在此基础上进行形象设计。可从产品入手，将产品形象化、拟人化、萌宠化，因为产品本身也是一个视觉符号，是品牌专属的形象。M&M 巧克力豆是世界上识别度最高的糖果之一：牛奶巧克力的内核，外壳是彩色的糖衣。品牌宣传口号是"只溶在口，不溶在手"（Melts in your mouth, not in your hand）。M&M 巧克力豆自带可爱，圆圆滚滚，色彩绚丽，这个产品特点被充分利用，进行视觉营销（见图 2.25）。M&M 品牌 IP 形象塑造，采取拟人化、戏剧化，不同表情和颜色的公仔成为 M&M 的家族成员。M&M 巧克力豆 IP 形象与包装设计完美结合，带给消费者的不仅仅是巧克力豆，更是一份甜蜜与欢乐（见图 2.26）。

图 2.25　M&M 巧克力豆包装

图 2.26　M&M 巧克力豆

　　IP 形象也可从品牌定位入手，将品牌的个性与优势加以视觉化地提炼，并紧贴产品特质，两者高度结合不仅可以输出品牌价值，也有利于消费者认知品牌所传达的理念。如前面提到的"江小白"，结合品牌定位，诞生了一个长着大众脸，鼻梁上架着无镜片黑框眼镜，系着英伦风格的黑白格子围巾，身穿休闲西装的文艺小男生，即"江小白"的 IP 形象。他时尚、简单，善于卖萌、自嘲，有态度有主张。江小白的 IP 营销有两大玩法：一是自己塑造 IP；二是借别人的 IP，也就是植入。江小白用自己的特点在年轻受众群体的心目

中树立了独特的形象，以区别于其他的白酒品牌（见图
2.27）。人格化的品牌塑造，赋予了江小白鲜活的 IP 形
象，快速赢得了"80 后""90 后"消费者的认可。

### 2. IP 形象在包装设计中的应用

优质的 IP 可以成为品牌营销的利器。将 IP 形象以
一种符号语言应用在包装设计中，有助于碎片化时代实
现品牌的高效传播，从视觉的角度引起消费者的兴趣与
关注，尤其是引起年轻消费者的情感共鸣。IP 形象符号
化也有利于后期的多元化塑造，在系列化包装中可以被
轻易使用、复制，不仅易于输出产品价值，也利于传播
品牌理念。

图 2.27　江小白 LOGO 及包装

首先 IP 形象风格应与品牌产品走向相同，契合品
牌定位。设计师要对品牌目标消费者进行分析，结合时
代潮流与消费者的审美取向。IP 形象的应用除了传递呆
萌、可爱，也可以表达睿智、有趣，对包装起到装饰美
化的作用，同时巧妙辅助包装传递产品信息，增加包装
的艺术感与温度，如图 2.28 所示。

其次，应发挥 IP 形象应变性的特点，跟随包装风
格进行调整和变化，并丰富包装的形式，适应包装的多
样化、系列化，帮助品牌营造新的消费动机与卖点。人
格化的 IP 具备的社交属性，可以在新的领域为品牌带
来增量。如今跨界联名营销手段已纷纷涌现，火爆的 IP
形象被各大品牌争先恐后地应用在包装及产品上，应用
时要与包装造型或其他视觉元素有机结合。

图 2.28　三只松鼠包装

IP 形象引入包装设计的意义既体现在降低生产者和消费者之间的沟通成本，也体现在
满足人们快速理解和感受"商品功能价值"和"产品精神价值"的需求。IP 作为新的商业
模式已被越来越多的企业重视和应用。

# 第 *3* 章

# 系列化包装视觉形象设计

　　品牌的建立是一个长期的过程，而品牌设计需要做到协助企业构建形象、加深受众记忆，以及形成品牌的价值。当代研究表明人通过感觉所接收的外界信息，83% 来自视觉、11% 来自听觉、3.5% 来自嗅觉、1.5% 来自触觉，另有 1% 来自味觉。由此可见，包装的视觉形象设计起着沟通企业、商品、消费者桥梁的作用。视觉形象设计主要是以色彩、文字、图形为基本要素的艺术创作，起着品牌传播和商品推广的重要作用。

## 3.1　色彩设计

　　色彩要素不仅是品牌差异化识别的关键，也是系列化商品促销的法宝。美国流行色彩研究中心的一项调查表明，消费者在挑选商品时存在一个"七秒钟定律"：面对琳琅满目的商品，消费者往往只用七秒来确定对这些商品是否感兴趣。在这短暂而关键的七秒内，色彩的传播性先于文字、图形等元素，其影响率达到 67%，成为人们决定选择商品的关键。在商品的包装视觉设计中，图形、文字等元素都有赖于一定的色彩配合，因此，色彩是设计师工具箱内最具表现性的工具之一。

　　系列化包装不仅需要单一包装的色彩协调，也强调整体上的和谐统一，更注重包装色彩与品牌形象色彩之间的关联。在系列包装的色彩应用中，使用品牌标准色是包装设计加强识别性、树立品牌形象直接有效的手段。针对流行色彩和时代的变化，选择适应商品特性以及受众审美需求的包装色彩也是设计师的基本素养。因此，设计师必须掌握科学的色彩原理和设计方法，对色彩的功能性、情感性、象征性进行深入的研究，使色彩在产品销售中发挥其应有的作用。

### 3.1.1　包装色彩的情感

色彩本身并不具备情感，其情感因素是人们从长期的生活体验中获得，然后赋予它的共性。色彩就像感性沟通的一把钥匙，决定了商品的价值，影响着消费者的购买。

#### 1. 色彩的冷暖感

冷暖感在包装设计中一直是主导整体的关键因素。红、橙、黄色常常让人联想到明媚的阳光和温暖的火焰，因此它们被称为"暖色系"，暖色系在包装设计中呈现温暖、营养、活力的感觉（见图 3.1）；色相环上的青、蓝、紫易使人联想起冰川、天空和大海，因此它们被称为"冷色系"，冷色系在包装设计中意味着凉爽、清洁、理智（见图 3.2）。大部分饼干、咖啡等食品的包装多用暖色系；清凉饮料、保洁用品以及电气产品的包装多采用冷色系。

为了有策略地使用色彩，设计师还需要了解一些关于光学和空间效果的原则。在色彩空间效应上，版面占小部分面积的暖色往往会主宰占大部分面积的冷色。所以说，暖色有更强的发散性，而且往往能成为包装展示面的主导，冷色则正相反。这些原理可以帮助我们有效处理好包装中的主、次信息层次。

图 3.1　DECORTE2021 年限定版 - 当红臻礼

图 3.2　"激活"饮料

#### 2. 色彩的远近感

相同的距离观察不同的色彩，人们会发现有的比较突出，有的比较隐退。色彩的这种远近感主要取决于色彩的明度和色相。一般是暖色近，冷色远；亮色近，暗色远；纯色近，灰色远；对比强烈的色近，对比微弱的色远。色彩的这种距离感有助于安排包装中主题和背景的关系，是突出商标、品牌等信息的有效手段。色彩的距离还影响到相同大小的包装，黑色包装显得比红色包装小而重。

当然，对比也是相当重要的，明亮的区域会主宰大片的黑暗区域，鲜艳的颜色会成为平面或者其对照物的主宰。这就是说，在包装的展示面，用前进色来表现主要信息会起到突显的效果（见图 3.3）。

图 3.3 OLLY 儿童维生素糖

### 3. 色彩的轻重感

色彩的轻重感主要来源于人们对生活的经验，它主要由色彩的明度决定。一般明度高的浅色感觉较轻，尤其是白色；明度低的深暗色彩感觉重，黑色最重。如果明度相同，以艳度为标准，艳度高则轻，艳度低则重。

包装色彩的轻重感直接影响着消费者的情绪，相同大小的物品，咖啡色包装要比黄色包装显得重；深蓝色包装要比浅蓝色包装显得重。在设计时我们需要针对包装的内容和消费群体的不同来选择轻重的定位。如食品中，口味重的系列食品包装就宜选择明度低的色彩；而清淡的系列食品最好选择明亮的色系（见图 3.4）。在无法准确测量不同产品的重量时，颜色往往给消费者一种重量的暗示，在评估的过程中影响消费者的购买决策。

图 3.4 农夫山泉苏打气泡水

### 4. 色彩的味感、嗅感及触感

色彩传递的是一种信息，人们对色彩的感受是这种信息的综合反应，它包括对色彩味觉、嗅觉与触觉的心理反应。色彩的味感、嗅感、触感，在包装色彩设计中应用非常广泛。尤其是食品有"色、香、味"的评价标准，不同的颜色在视觉与味觉之间会有不同的感觉，如果包装设计师运用得当，不仅能使商品与消费者之间形成一种心灵的默契，还能使消费者产生舒适宜人的感觉。一般来说糕点类食品包装色彩多选用黄色或红色，因为暖色促进食欲（见图 3.5）；纯净水等饮料包装以及追求清爽特质的食品包装喜用蓝色，因为蓝色令人感到爽朗。一瓶咖啡的包装，用棕色体现味浓（见图 3.6）；用黄色体现味淡；用红色体现味醇，可见色彩对消费者印象中商品的品质具有一定的影响。色彩的味感、嗅感及触感如表 3.1 所示）。

图 3.5　POST 果味小食

图 3.6　雀巢咖啡

表 3.1　色彩的味感、嗅感及触感

| 色彩 | 味感 | 嗅感 | 触感 |
| --- | --- | --- | --- |
| 红 | 甜、辣、醇厚 | 浓香 | 温暖 |
| 橙 | 甜、酸辣 | 幽香 | 温暖、松软 |
| 黄 | 甘甜 | 芳香 | 光滑、柔软 |
| 黄绿 | 酸、涩 | 清香 | 平滑、柔嫩 |
| 绿 | 涩、酸涩 | 香草味、薄荷味 | 清凉、凉爽 |
| 蓝绿 | 清凉、可口 | 清香、薄荷味 | 润滑、清爽 |
| 蓝 | 生涩、酸脆 | 幽香 | 细密、凉爽 |
| 紫 | 酸甜、甘涩 | 浓香 | 软绵 |
| 白 | 无味、清淡 | 清新、淡香 | 疏松、平坦 |
| 灰 | 微苦、咸味 | 瘴气、烟味 | 粗糙 |
| 黑 | 苦味、浓咸 | 焦味 | 坚硬 |

### 3.1.2　色彩的应用原则

对消费者而言，色彩是一种无须用语言文字传达信息的工具。成功的色彩应用往往能使人产生愉悦的联想，并给人留下深刻的印象。丰富色彩在包装品牌视觉形象设计中的张力，需注意以下原则。

### 1. 依据产品属性

包装色彩的产品属性是指各类产品都具有的倾向色彩，或称为属性色调。尤其是同一类食品，当存在不同口味或性质时，往往要借助于色彩予以识别。属性用色、构图和表现手法等，将共同构成产品的属性特点。人们从自然生活中获取的认识和记忆形成了不同产品的形象色彩，色彩的形象性由此直接影响到消费者对产品内容的判定。在反映产品内在品质时，根据产品固有的色彩或商品的属性，采取形象化的色彩使消费者产生对物品的回忆，继而对产品的基本内容、特征做出判断是当前设计用色的一种主要手段。

包装设计依据产品的固有形象色是常用的方法。形象色可以从一些色彩的名称中得以反映，如：以植物命名的咖啡色、草绿色、茶色、玫瑰红等；以动物命名的鹅黄色、孔雀蓝、鼠灰色等；以水果命名的橙黄色、橘红色、桃红色、柠檬黄等；此外，还有天蓝色、奶白色、紫铜色……将产品的固有形象色直接应用在包装上，会使消费者获得一目了然的信息（见图3.7）。

图 3.7　互动果汁包装

### 2. 依据受众心理

通过色彩设计刺激消费者的感官，能积极引发消费者对商品的共鸣。英国心理学家格列高里（Richard Gregory）认为，"颜色知觉对于我们人类具有极其重要的意义——它是视觉审美的核心，深刻地影响我们的情绪状态"。色彩不仅给人们带来愉悦，还能从身体和精神上影响人们的判断。颜色的信息能否被消费者正确地理解和接受，很大程度上还取决于消费者的特点，不同的消费者对颜色的理解并不相同，消费者对色彩的好恶程度往往因年龄、性别、职业的不同而有很大差别。每一种商品都是针对特定的消费群体的，因此，在包装设计时依据消费对象来进行定位设计就显得尤其重要。

　　首先，年龄是造成色彩喜恶的重要因素之一。幼儿最喜欢高纯度的颜色，尤其是暖色，如红、橙、黄，但对白色、黑色就没有多大的兴趣；到了小学三年级左右，这种倾向便开始有所转变，慢慢喜欢白色以及高明度的颜色；小学高年级时，孩子们对色彩的喜好就已和成人极为相似了。至于青年人所喜爱的颜色，大都和四十岁左右的人相近，如高纯度、高明度色彩，还有白色和黑色。当人到了五十岁左右时，喜欢纯色的人便显著减少，一般由高纯度变为低纯度，由亮色变为暗色。

　　其次，性别也往往被认为是造成色彩喜好不一的另一因素，但事实上，性别上的差异不会在普通包装色彩的爱好方面造成太大的影响。虽然男女在着装上的色彩差别很大，但那是由一些必须斟酌的场所和某些社会性因素造成的。至于对色彩喜好的坦率表达，则男女差别不大。有不少人认为，男性较喜欢凝重的色彩，例如蓝、黑、灰、咖啡色等，而女性则多喜爱柔亮的颜色，尤其是粉色系，有人称之为"像女孩的美梦一样"，较多用于女性产品的包装设计（见图 3.8）。但这主要是基于色彩本身带给人的联想：蓝、黑、灰色显得刚毅，富有男性特征（见图 3.9）；红、橙、黄、白色显得温柔，具有女性气质。所以，色彩在性别上的差异，便是包装设计中或多或少应遵循的原则（见图 3.10）。

图 3.8　ANNA SUI 香水　　　　图 3.9　Burberry 摇滚风格　　　图 3.10　vtech 少儿手表
　　　　　　　　　　　　　　　　　　　　男士香水

### 3. 依据文化和地域习俗

　　色彩不能脱离固有文化印象。相同的色彩会引起不同地域的人们各不相同的习惯性联想，产生不同的，甚至是相反的爱憎感情。同一颜色在某些国家或地区极受喜爱，但以这种色系设计的产品包装若到了不同的国家或地区，却极有可能因为颜色正是当地的忌讳色而导致产品不受欢迎。例如，荷兰、挪威、法国、意大利等国家都喜爱蓝色，如意大利"Barilla"（百味来）通心粉的经典蓝色包装（见图 3.11），这些国家用蓝色包装的糖果销量最好，因为蓝色是一种表示甜蜜的颜色，但在埃及它是一种禁忌色，中国则认为红色代表甜蜜。很多国家的消费者都认为食品包装的色调鲜艳为好，如意大利、哥伦比亚、缅甸等，但日本却不这样认为，反而对白色、灰色情有独钟（见图 3.12）。

图 3.11　Barilla 调料及通心粉　　　　　　　图 3.12　日本泡茶饭配料

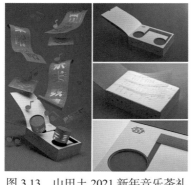

图 3.13　山田土 2021 新年音乐茶礼

中华民族是个衣着尚蓝、喜庆尚红的民族。中国人使用红色历史最为悠久，民间对红色的偏爱，与我国原始民族的崇拜有关。红色具有波长最长的物理性能，它的色彩张力对人们的视神经产生强烈的刺激作用。古往今来，红色以它光明与正大、刚毅与坚强的特性长期影响着我国的民族习惯（见图 3.13）。整体上来看，高艳度、强对比是中国传统的配色方法，这类配色手法，在现代包装色彩设计中应加以借鉴与吸收。

此外，因教育、宗教信仰、民俗民风、自然环境和传统习俗的不同，人们对色彩也有着不同的理解。因此，针对不同的细分市场，尊重受众对颜色的普遍性认知，才能准确地运用色彩吸引消费者的视线，最大程度地契合消费者的需求。

### 4. 依据品牌形象色彩

色彩作为品牌形象的重要视觉语言，消费者在选择商品时也会因为对品牌的黏性而产生对其色彩的认可，从而驱动消费或购买。缤纷的色彩因在色相、明度、纯度上的差异性，从而形成了各自的特征，将之运用在包装上有助于消费者从琳琅满目的商品中辨别出不同的品牌。在包装的色彩应用过程中，应用品牌形象色是包装设计加强色彩的识别性、树立品牌形象直接有效的手段。许多品牌通过颜色打造自己独有的品牌竞争力，对于这些品牌而言，色彩不仅仅是他们创造美的工具，更是这些品牌表达品牌文化和价值的桥梁。

"形象色"顾名思义，就是指产品在设计销售过程中常年使用相同的色彩，使顾客在脑海中形成该产品与色彩相对应的情况，而这种与产品对应的色彩便是形象色。利用形象色可以提高受众对产品的认知程度，进而提高销售额并树立良好品牌形象。

有一种蓝色，它代表着浪漫与幸福，这种蓝就叫作蒂芙尼蓝（Tiffany Blue）。蒂芙尼蓝也称为知更鸟蛋蓝（Robin's Egg Blue），这种颜色游离在蓝色与绿色之间，看起来清爽、素雅。蒂芙尼是诞生于美国纽约的著名珠宝腕表品牌，创新与设计是蒂芙尼品牌传承的两大基石，我们通过这个品牌认识到蒂芙尼蓝独一无二的颜色：专门的潘通色号 1837，而且这

个数字还正好是蒂芙尼成立的年份。蒂芙尼蓝色礼盒
（Tiffany Blue Box®）为品牌的标志性象征，就连标志
性的白色缎带蒂芙尼小蓝盒也被注册了专利，成了包
装史上最具辨识度的设计之一（见图 3.14）。如今在人
们心中，这种独一无二的蓝色就代表着蒂芙尼品牌。

图 3.14　蒂芙尼蓝

　　不是所有品牌形象色都如蒂芙尼蓝那样在商品包
装上被独立应用。设计时可以基于品牌形象色搭配以
商品特性为主的其他色彩，设计出符合商品特性以及
供需要求的包装。这种利用品牌形象色＋商品附加色彩的设计手法，能给受众物类同源的
联想，增加商品的表达能力，方便消费者选购。

### 5. 依据包装材料及印刷技术

　　现代商品包装对材料和先进印刷技术的广泛应用已今非昔比，形形色色的材料因不同
的质感和触感形成了不同的包装。进入高科技时代，颜色不再是包装设计中单一的限定因
素。为了达到最佳的视觉效果，除了传统的色彩应用，还需要考虑到材料、质感、光泽等
方面的因素，好在印刷技术的更新已大大满足了设计师的要求。由美国 SDI Technologies Inc
公司生产的一款 iHome 无线蓝牙立体声音箱，有着炫彩的变色功能，可以随着音乐的旋律
而变色，其包装运用现代印刷技术使之随着光线变化也产生幻彩色泽（见图 3.15）。

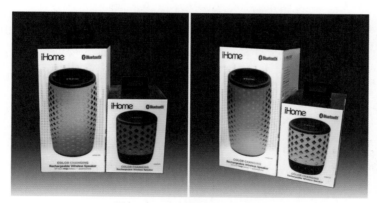

图 3.15　Home 蓝牙音箱包装

　　虽然包装设计行业的科技、加工工艺和印刷方法都在不断改进，但是要在运用色彩和
生产色彩的过程中保持系列化包装色彩匹配的高度一致，依然是一件充满挑战的重要工作。
在品牌的各系列产品包装色彩设计时，除了统一运用同一套彼此协调的色彩搭配方案外，
还需要将材料引起色变的因素考虑进去。因此，必须在设计过程中不断对色彩进行调整和
校准，并了解不同的印刷技术所带来的不同效果，如照相凹版、胶印、丝网印刷和苯胺印
刷等。及时调整各材质的用色，使最终的系列化包装成品整体上形成统一的色彩效果。

　　为了让色彩从最初的设计概念到最终的印刷成品始终保持一致性效果，应正确使用潘
通（Pantone）色卡，它是选择、确定、配对和控制油墨色彩方面最权威的国际参照标准色。

潘通色卡的颜色非常准确，其色号对应色彩油墨的标准配色方案，特点是所见即所得。通过潘通色卡号，印刷输出时即可确保差值控制在最小范围。

### 3.1.3　色彩的设计策略

在我们学习包装色彩设计时，不妨先理解约翰内斯·伊顿（Johannes Itten）在《色彩艺术》（1961 年）书中的一段文字："无论我们是否意识到色彩的存在，它都是一种从正反两方面影响我们的强大的力量。"由此可见，色彩能帮助我们，也可以毁灭我们。掌握一定的色彩设计策略，正是帮助我们善待色彩、合理应用色彩的最佳途径。

#### 1. 品牌色策略

色彩是信息而不仅仅是装饰，它能体现身份，用来代表生产商和品牌。色彩可谓是品牌在人们心中构建品牌辨识度的第一要素。全球最著名的品牌通常以自己的专属颜色被大众熟知，比如爱马仕的橙色、蒂芙尼的蓝色、星巴克的绿色……品牌或者品牌商品包装的颜色是人们接触品牌最直接的视觉呈现。

美国喜剧动画电影《神偷奶爸》中的小黄人为大家所熟知，除了当下流行的"萌"文化外，小黄人身上还透露着网络时代年轻人的特征：拒绝崇高，真实乐观。其个性化的标签可以说给小黄人 IP 注入了灵魂。从 2015 年起，小黄人借 IP 营销，与其他品牌的跨界合作一度引爆商业市场，涉及餐饮界、玩具界等，如图 3.16 所示，商场的各个角落似乎都被小黄人占领。值得一提的是，世上多了一种颜色，叫作"小黄人黄"，这不仅是权威色彩机构 Pantone 2015 至 2017 年来发布的第一个新颜色——此前它最知名的作品是发布了"蒂芙尼蓝"，这是它第一次为电影角色发布新颜色。黄色是一种积极、阳光、乐观、充满活力的色彩，也是充满快乐和希望的颜色。品牌赋予一件商品什么样的颜色，商品便有了什么样的气质和格调，小黄人黄的色彩饱和度让人感到愉悦。大家熟知的麦当劳、旁氏、花王等知名品牌纷纷联合小黄人，使个性化的形象突出联合品牌中"趣味人格"的定位。应用中，各大品牌将其色彩或造型等与包装巧妙融合，没有丝毫违和感，通过包装触达更多的潜在用户群体。成功的色彩设计无疑激起了消费者的购买欲望，为商品带来不一般的附加价值。

图 3.16　花王无硅油小黄人洗发水护发素

一种品牌的色彩所有权，一般是通过坚持不懈地使用同一种颜色来获得的。这种颜色使用方面的一致性便是色彩的品牌化策略，它还可以有效防止其他竞争产品蓄意侵犯该产品的商业外观。

#### 2. 个性化策略

在包装设计的世界里，从信息的角度来看，包装色彩的应用一是要迅速传递产品信息；

二是要防止市场上的信息干扰。为此，在包装设计中，有时为了"冲击力"可采用个性化的色彩策略，由此打破包装的"行业特征色"。

个性化的色彩策略取决于抓住包装所处销售环境具有可比性的特点，色彩其他产品包装要引人入胜。这并不是单纯强调色彩明度或纯度上的对比，而是指易识别的差异化特征，从而与其他产品的色彩形成鲜明对照。就像 20 世纪 90 年代"百事可乐"最终选择了与竞争对手可口可乐公司所采用的红色正相反的蓝色。个性化的色彩策略不再一味强调什么产品宜用什么颜色，或是将什么样的受众喜爱什么颜色等定律强加于包装设计中，无论鲜亮还是暗淡，单一还是复杂，也不管是影响生理还是作用心理，是流于理论还是来自经验，只要不违背包装设计的总体原则，能塑造个性化的产品形象，能促进销售，都可以不拘一格地进行大胆尝试（见图 3.17）。

色彩的个性化设计并不是一挥而就的，它需要借助人对色彩规律的认识与依托，又需避免对色彩规律循规蹈矩或生搬硬套的运用。它源于设计者对色彩的全面理解、深刻感悟和独到见解。它既是对传统色彩设计观念的颠覆，也是对现代色彩设计的促进，虽然这种设计需要反叛和胆识，但它的产生预示着包装色彩设计朝多元化方向发展。

图 3.17　项目 3 软饮料

3. 统一性策略

随着品牌家族性产品爆炸性扩张，各种消费品层出不穷，许多品牌过去只包括十几种产品，可如今品牌下的产品种类多达上百种，甚至上千种。要区分同一产品系列下的各类产品并且使该系列产品在同类竞争中独具特色，就需要实行统一性的色彩策略。

统一性色彩搭配方案指色彩可相互补充，也可以相互对比，或者色彩相近，或者采用单一色调。各式各样的色彩搭配方案都要以突显产品信息为主导。最行之有效的方法是在系列化包装中，从已确定的色彩体系里选择一种或两种颜色作为主导用色，其他色作为辅助用色，构成以这一两种颜色为基调的倾向色调（见图3.18）。由于使用的是同一色彩体系，所以系列化产品之间的基调既具有密切的联系，又能突出区分性的色彩，强调产品的口味、成分、香味或其他特征，使消费者易于辨识具体产品。

系列化包装色彩搭配方案，特别要注意色彩饱和度的把握，因为纯度基调最能够显现系列化的连贯与整体性。比如：高纯度色彩基调（鲜艳色调），多为原色对比，色彩华丽而热烈，是食品和儿童用品的常用色（见图3.19）；中纯度基调（温和色调），多为色度低、对比弱的色彩，浪漫而典雅，是化妆品和日化用品的常用色。

图 3.18    纳贝斯克牌 Triscuit 饼干

图 3.19    金鱼饼干

### 4. 时尚化策略

随着时代的发展，人们对色彩的喜好也在不断发生变化。有一些色彩被赋予时代精神的象征意义，符合当代人的认识、兴趣、爱好和欲望。在产品包装设计中，为了确保一件包装设计的色彩符合时代潮流，设计师就必须对色彩趋势有一定的了解，并在一些新型产品的包装色彩设计中采取适当的时尚化策略。

色彩设计的时尚化策略离不开对流行色的分析。流行色是一种社会心理产物，它是某个时期人们对某几种色彩产生共同美感的心理反映。所谓流行色，就是指某个时期内人们的共同爱好，带有倾向性的色彩。总部设在法国巴黎的国际流行色委员会，每年举行两次会议，确定第二年春季和秋冬季的流行色，然后，各国根据本国的情况采用和修订，发布本国的流行色。国际市场上，尤其是欧美、日本等一些消费水平很高的市场，流行色的敏感性极高，作用更大。

在包装的色彩设计中，一个产品系列中各种色彩的运用都必须满足特定的市场目标。让色彩传递情感，可以借鉴一定的时装潮流色彩趋势，来指导包装设计中的色彩运用。流行色具有强烈的时代气息，并在短时期内具有较大的影响力，但它最大的局限性是寿命短。而包装设计不等同于时装设计，色彩应用的时尚化策略除了考虑不同消费群体对时尚化色彩的接受度，还要关注产品包装的货架寿命，它与一件时装产品的持续时间有较大差别。因此，在某些系列化包装设计中，多采用基本色与时尚的流行色组合的方法，让包装传送时代的气息（见图3.20）。

对于具体的系列化包装设计来说，视觉传达中色彩语言无法孤立于图形、文字而存在，就色彩本身而言，三要素之间也是相辅相成、互为依存的有机整体。在运用色彩时应把握好它们之间的协调作用。

图 3.20　可优比婴儿用品

## 3.2　文字设计

优秀的包装字体是具有生命力的实体，不仅能有效传播品牌形象，而且能精准传达产品信息。文字设计引导包装吸引受众注意力、激起受众的阅读兴趣，达到内容与形式协调统一的传递效果。

### 3.2.1　包装的文字类型

#### 1. 品牌形象文字

包装上的品牌名称、产品名称、品牌标识或企业标识等，都属于品牌形象文字，是包装上的重要文字，通常将它们安排在包装的主要展示面。这部分的文字字体应具有美感和个性，需要精心设计，是树立品牌形象的重要元素（见图 3.21）。一般来说，品牌名称的字体设计源于品牌的视觉识别系统；而产品名称的字体设计则要符合产品商业性的内在特点，越新颖、越有个性也就越有感染力，单调乏味的字体设计往往因缺乏生动性而失去可视性。

#### 2. 资料、说明文字

资料、说明文字属法令规定性文字，是由国际有关组织或一个国家的有关机构对包装的具体规定，具有强制性。这些文字可以帮助消费者更进一步地了解产品，加强对产品的信赖感以及使用过程中的便利感。

资料、说明文字包括：产品描述、配料信息、营养成分、容量、型号、规格、使用说明、生产日期、保质期、批准文号、生产企业（厂址、网址）、注意事项等。这类文字的编排位置较为灵活，一般安排在包装的背面、侧面等非主展示面，也可以放在包装正面次要部位（见图 3.22）。有些诸如用法、用途、注意事项的说明文字，甚至可以用专页纸张印刷后附于包装内部。这类文字的设计提倡简洁、明了，不宜花哨，可采用规范的基本印刷字体，值得注意的是编排上的整体感。

图 3.21　Crush 橙汁

图 3.22　AH 面食

### 3. 广告文字

为加强促销力度，有时包装上会出现一些广告文字，它是用作宣传商品特点的推销性文字。文字的内容必须诚实、可信，需要符合相关行业的规定。字体的设计相对于其他文字类型更为灵活、多样，一般可根据需要选择轻松、活泼的字体，甚至可直接采用手写的形式，使之流露出自然、亲切之感，拉近商品与消费者之间的距离。广告文字的编排宜放在主要展示面上。

### 3.2.2　包装字体设计原则

字体设计需要详细的调研、对细节的观察以及为之付出的不懈努力。许多适用于书籍字体设计的标准并不一定适合包装设计使用，因为信息在表现方式、形式、意图、基调和动机方面多种多样，受众也各不相同。而且，所采用的包装传播媒介的品质和表现方式也有极大的区别。因此，设计师应将字体设计重点放在以下几个方面。

#### 1. 明确的商品性

字体设计要从商品的物质特征和文字特征出发，恰当的字体选择和运用能使信息的传达更加流畅，而错误的字体选择和运用则会阻碍信息的传达。汉字是当今世界上仅有的体系最完整、结构最严谨的象形文字。汉字只要"望文"便能"生义"。为了能更有效地展现文字、传达信息，设计师需要了解各种字体的类型以及书写规律，并能做到将所要传达的文字信息在脑中形成适当的"画面联想"。字体的形式无论是权威、幽默、趣味或其他种种，运用恰当都能反映出既定产品及其目标受众的性质。所以当选择字体和变化字体时，注意字体的性格要与商品的特征吻合，从而形成一种默契，更生动地传达产品信息（见图 3.23 ）。如医药、保健品包装可选择简洁、明快的字体；工业产品包装要采用刚健、硬朗的字体；化妆品包装则须用纤巧、典雅的字体……以示产品的个性特征。同时结合字型编排，或急或缓、或张或弛，有效传达产品特性。

## 2. 视觉的识别性

在进行字体设计时，因为装饰美化的需要，往往要对文字运用不同的表现手法进行变化处理。字体创意有时是革命性乃至颠覆性的，但这种变化装饰应在标准字体的基础上，根据具体需要对字体进行美化，不可篡改文字的基本形态，更不要背离产品的信息表达。包装的字体设计需要满足易读性和可读性，这是文字识别的基本要求。易读性是关于文字的能见度，即文字容易看清的程度；而可读性是关于文字的阅读，或者说文字容易阅读的程度。此外，为提高包装信息的直观度，要尽量避免使用混合式的字体和字号设计，尤其是那些被认为"理性"的产品，如医药产品等。产品的说明文字一般较多，可以将其放置在一个浅色背景或经过滤色的区域上，会使之既富于变化又利于浏览。总之，包装上的文字必须易读、易认、易记，要保证在较短时间内能够使人识别（见图3.24）。尤其是针对老年人和儿童的商品包装文字，更应该如此。

图 3.23　桑格里厄汽酒

图 3.24　雀巢咖啡

## 3. 传达的有序性

有序性指包装中的文字信息有主有次，信息传达的有序性离不开所设定的视觉流程。视觉流程是指视线随着各视觉元素的空间沿一定轨迹运动的过程。设计师必须首先了解包装中的文字信息等级，精心营造品牌名称、产品名称与产品说明、品种类型、地址电话等文字内容的视觉流程，即利用视觉移动规律，有目的地合理安排文字，诱导消费者的视觉随着编排中各要素的有序组织，从主要内容依次观看下去，如此使观者有一个清晰、流畅、迅速的信息接收过程（见图3.25）。

主体文字的设计要新颖别致，应关注字形设计、确定文字字号和磅值等，主体文字应安排在最佳视域区。资料文字选用常用印刷字体，安排在较次要的展示域。坚持把握核心，并由核心向外扩展到其他元素的方方面面。经定位后的文字（品牌名称、资料性文字等）

将具有秩序性，达到赏心悦目的视觉效果。从字到行能使消费者的视线沿着一条自然合理、通顺畅达的流程线路进行阅读，引导消费者全面了解产品信息。

图 3.25    P3 食品

#### 4. 表达的情感性

"字体应当表达情感"这句口号是美国设计师哈伯·路比林（Herb Lubalin）率先于 20 世纪 50 年代提出来的。文字本身是一种视觉符号，符号除了传达其所载负的信息内容外，它也承担着一定的情感传递作用。情感销售主张（Emotional Selling Proposition，ESP）的诉求重点不局限于具体的产品功能，而是把产品带给人们的情感体验作为诉求重点，在情感层面建构与消费者的深度沟通。不同的字体有不同的个性，带给我们的视觉感受也各不相同。在设计创作过程中，需有意识地调动文字传达的情感。它可以是庄重的、严谨的、活泼的、幽默的或随性的。如斜体字具有速度感，在需要体现活泼、运动的感觉时，你可以尝试使用斜体字；花体字是一种巴洛克风格的字体，典型的花体字笔画都被加长延伸并且修饰得相当华丽，具有较强的装饰性，在体现优雅、浪漫的感觉时，花体字是最好的选择。正如康定斯基所言，色彩的和谐"只能以有目的地激荡人类的灵魂这一原则为基础"。

在系列化包装中，文字设计的美不仅仅体现在局部，更体现在对字形、结构以及整体设计的把握上。因此，字体形态借助于图形、编排、色彩等元素的综合表现，不仅能形成风格独特的设计语言，而且传递出品牌的个性特征，具有丰富的表现力和艺术感染力，带给消费者异乎寻常的情感体验（见图 3.26）。

图 3.26　POPSS 气泡水

## 5. 风格的独特性

在多样化的产品时代，若要使品牌具有较强的传播力，个性、别致、新颖的字体设计是不容忽略的。差异化设计是体现独特风格的有效手段。设计师是运用字体、图形和色彩来创造作品的艺术家，创造性地展示字体的视觉魅力，充分融合字体设计的艺术性和科学性，才能使产品个性张扬、外观出众（见图 3.27）。除了品牌文字或产品文字形成独创性外，普通产品信息文字采用三种左右的字体为好，且每种字体的使用频率也要加以区别，以便重点突出。

在系列化包装中有时因产品的数量和形状不同，而造成包装规格的差异。所以，字体在每件单体包装中的应用尤其要把握好统一性设计原则。借助均衡、调和、秩序等形式法则以实现系列化包装字体的协调性。包装上汉字与拉丁字母的配合，应找出两种字体间的对应关系，使之在同一画面中求得统一感。当然，字体间的大小和位置同样不能忽视，既要有对比，又要有和谐。一切从整体出发，把握字体之间的相互协调。

图 3.27　"尖叫"饮料

## 3.3   图形设计

图形是设计师运用较为直观的视觉形态与形式，以表达设计师的创造性思维意念，是传达设计师设计思想与品牌信息的重要载体。包装的图形设计，就是通过对产品或品牌的相关视觉形象进行信息内容的有序组织，使之形成可以清晰表达信息内容的完整"视觉语言"。图形语言的可视化和可读性，使产品包装能够跨越地域、民族的界限以及语言的障碍和文化的差异。图形传达不仅使包装设计有美观性与亲切感，还在品牌包装设计系统化中，对产品品牌的塑造起着有效作用。

包装图形设计的内容范围很广，按其性质可分为产品形象、人物形象、产地形象、说明形象、装饰形象等。产品形象是建立和维护产品信誉的一种有效手段，包括产品直接形象和产品间接形象；人物形象是以产品使用对象为诉求点的图形表现；产地形象是包装图形选择产地作为诉求，使消费者了解产品的来源；装饰形象往往是以简单的图形构成特殊的意义或象征（见图3.28）；说明形象为了说明示意，常以图文并茂的形式给消费者更清晰、生动的注解。

### 3.3.1   图形语言表达

图形是包装中先声夺人的视觉焦点，在包装设计中图形也被视为一种语言系统，即图形语言。如何用好图形语言，快速从众多信息中脱颖而出，是图形设计的视觉理念的核心部分之一。图形在系列化包装的传播过程中，会形成自己的一整套完整表达方式，通常应用商业插画和摄影等形式予以表达。

图 3.28   "英雄"钢笔丽水风光篇

#### 1. 商业插画

插画是人类最古老的传播信息手段，也是极原始的沟通情感工具。商业插画是绘画与商业结合，即一种用直观的视觉形象传达商业信息、推广商业活动的图像化视觉传达形式，在包装设计中运用十分普遍。20 世纪二三十年代被公认为是商业插画的黄金时期，大量的商业插画被用于平面设计中。19 世纪中期，由于摄影的发展以及商业插画自身的某些缺陷，原本繁荣的商业插画市场一度沉寂。但随着现代包装个性化的发展，以及电脑手绘的灵活便捷，加之绘画的多样性优势和个性化特点，为迎合现代消费群体的情感需求，商业插画又迎来了自己的春天。希腊的 Avgoulakia 牌鸡蛋很有名，它有趣亮丽的包装出现在超市货架上吸引了众多希腊主妇们的目光，也深受孩子们的喜爱。包装上非常具有喜感的"臭美肥婆"形象完全颠覆了人们日常购买鸡蛋时的体验。这款设计是希腊设计师安东尼奥·斯卡塔基的创意，"臭美肥婆"的形象非常引人注目，幽默的风格从情感上拉近了产品与消费者的距离，为 Avgoulakia 鸡蛋注入了品牌的活力（见图 3.29）。

图 3.29　Avgoulakia 牌鸡蛋

　　插画往往是塑造新颖品牌视觉形象最便捷的方式，这也会让初学者误以为插画是一个简单的成功秘诀，尤其是运用在系列化包装设计上。虽然，在社交媒体时代，插画在客户关系的建立中极为重要，但并不是每一个使用插画创作的品牌形象设计都注定成功。要定义品牌的语言，需要了解品牌定位及受众、产品个性及卖点等，才能创作出画风独特且能打动消费群体的品牌形象。

　　如何用插画创建品牌形象，"白鹤尖"系列化农副产品包装用插画讲述品牌故事：2014 年"85 后"的巾帼"新农人"张建芬带着梦想从喧嚣的城市回到家乡，以海拔 1593 米的浙江省云和县最高峰——白鹤尖为名注册了"白鹤尖"品牌。"白鹤尖"品牌主打白色生鲜、酱腌菜系列产品以及五谷杂粮。为了提升品牌形象，过山教授设计团队采取以张建芬本人形象为品牌形象的传播策略，运用数码插画把张建芬的"新农人"形象作为品牌 IP 形象，展示了一个自信、阳光的"新农人"，同时也传递着张建芬给每一位消费者的承诺（如图 3.30 所示）。2019 年张建芬又推出了"白鹤尖"的兄弟品牌——"梯田守望"，品名彰显品牌的精神，"梯田守望"品名与故事合二为一。"新农人"形象不仅应用在系列化的包装上，也出现在各大宣传广告和媒体上，其形象通过与云和梯田地域风光的组合，在同类产品中脱颖而出（如图 3.31 所示），增加了产品在经销商处与网上店铺中的销量。

图 3.30　白鹤尖系列农产品

图 3.31　"白鹤尖"品牌宣传

### 2. 商业摄影

摄影一词源于希腊语，意为"以光线绘图"。20 世纪初，西方国家由于摄影及印刷技术日趋进步，摄影图形被逐渐用于包装设计。摄影对设计的介入结束了以往靠绘画进行创作的单一性局面，摄影技术的不断提高，为图形语言增添了"逼真""清晰"的表现力。20 世纪末，随着数字技术的进步，应运而生的数码相机开拓了数字影像丰富的世界。今天的数字时代，电脑图片处理功能日益强大，确保了影像的品质，信息投射也更加准确，令摄影在包装设计中焕发新的风采。

由于摄影具有传真性，因此能够利用摄影图片"真实""客观"地进行商品描述，令消费者产生信赖和亲切之感，诱发了消费者对商品的联想，促进了消费者对商品的购买欲望。如在食品包装中，摄影手法的运用可大大增强受众的食欲（见图 3.32）；在玻璃产品包装中，摄影可将光线作用下的玻璃产品表现得晶莹剔透。当然，将拍摄的图片当作包装图形并非万能之法，必须与产品的特性相符合。此外，还要注意摄影表达的形式与表现的技法，只有这样，才能更准确、更生动地把握产品个性，成功地体现产品内涵。

图 3.32　Buddy Fruits

### 3.3.2　图形设计原则

#### 1. 快捷准确的传达力

美国企业识别管理专家施密特（Bernd Schmitt）和西蒙森（Alex Simonson）说："对信息交流的研究显示，一种产品能否脱颖而出，取决于两种信息：中心信息和外围信息。中心信息指最具说服力的论点或论据，外围信息指中心信息之外但又与之相关的其他信息。"将焦点集中在中心信息是系列化包装设计的重中之重。

由于市场和消费者的具体情况不同，因此不能使所有重要因素总是处于同样重要的地位。设计时应根据具体情况确定表达的重点，将其他因素作为一种辅助，创造出一种有意义的产品主题，即突出中心信息。这种选择的肯定性必定比艰涩的优柔寡断更能将产品特性传达迅速而准确。当然，图形的设计还需遵循人的视觉规律，根据各种信息选择正确适当的视觉符号。同时还要考虑信息对象的理解力和接受力，有的放矢的图形设计才能达到商品信息传达快捷准确的目的。设计师借用图形来传递产品信息时，图形的诚实可信也是不可忽略的因素，过分的夸张必定会引起消费者的反感。例如，日本食品包装从未有"图片仅供参考，请以实物为准"之类的文字。日本包装上的图形真实可信，通过包装上的图片可以了解产品的样子，还可以知道它们的实际大小，因为图片与实物几乎是一模一样的，包装所体现的诚实度与真实性有助于增强消费者的信赖，提升品牌的价值。

视频 1：日本实物
与包装相似度

因此，无论我们在包装上采用什么样的图形，都应当准确地体现出商品诚实可靠的信息，这不仅有利于培养消费者对该商品的信赖感，也有利于培养消费者对该品牌的忠实度。

#### 2. 新颖独特的冲击力

图形创意的核心问题是突出某一个企业及其产品的独特之处，即通过艺术创造等手段把产品的特性转化为个性化的图形。当一个包装拥有与众不同的图形设计时，它也就能避免目前市场上存在的包装"雷同性"现象，而从拥有繁多竞争品牌的货架上脱颖而出。很显然，平庸的包装设计不可能在众多同类产品的市场中产生诱人的魅力，要想吸引消费者关注的目光，就得将图形设计得个性鲜明。个性化的图形设计有时会需要一种逆向性的表现，它可以是画龙点睛般的妙笔生辉，也可以是图形本身的怪诞化，还可以是图形编排中的反常化。一些看似不太合理的特殊形象以及不太寻常的复合造型，正是平常心理的对立面，而这种常态中的悖理图形，往往可以给人更多思考和联想的空间，在寻常中展现特别的光彩。

功能饮料魔爪之所以能够一夜暴红，这和狂野、奔放的包装设计，带给消费者强烈的视觉冲击息息相关。魔爪能量饮料是由 Hansen Natural Company（现为 Monster Beverage Corporation）于 2002 年 4 月推出的一种高能量运动饮料。魔爪能量体现了一种"释放野性"的生活方式，产品包装采取视觉形象的差异化设计，三道爪印略带张狂，充满了野性，这也是怪物饮料公司一直以来的品牌文化。差异化的视觉形象一直延伸到各个营销活动之中，阴森的场景布置和张狂的野兽形象，使得魔爪在消费者心中留下了深刻的视觉印象（见图 3.33）。可见，包装上个性化的图形设计，能够让产品获得极大的辨识度，助力品牌在同类市场中脱颖而出。

图 3.33　魔爪饮料

### 3. 美观传情的感召力

在早期产品销售有限的情况下，生产商会寻找一件产品独一无二的特征或优点，借以提升产品的价值，这一特征或优点就成为该产品的独特卖点（Unique Selling Point，USP）。在各种产品都能够区分各自卖点的情况下，使用产品的主题限定包装的图形设计是一种绝对有效的方法。正如 P&G 公司的海飞丝系列，它的诉求是"去头屑"。但如今，可供选择的产品类别急剧增加，产品间的可辨差异不断减少，我们无须将产品的独特卖点作为图形表达的重点内容。目前，品牌的拥有者正力求寻找产品的情感卖点（Emotional Selling Point，ESP），它可以为产品的差异提供更为广阔的天地，传递人文关怀，发挥包装的感召作用（见图 3.34）。

图 3.34　好时巧克力

所谓感性满足是消费的高层次表现，这正是继第三次以信息化为特征的消费浪潮后消费文化的又一特征。无论包装图形的表现方式如何、个性怎样，一个具有美感或有诱惑性的图形，它带给人们的是美好而健康的感受，既能唤起个人情感的体验，也能引起美好的遐想和回忆。如 2018 年百事公司推出的中国春节百事可乐限量版瑞兽主题罐礼盒，欢庆中国年并传递百事"渴望，就现在"的品牌理念。2021 年百事可乐瓶罐上底色依旧是百事的专属蓝，牛年生肖以极简卡通设计，独特的手绘插画，使用纯色并加以粗线边框来区分狗的品种及其特征，包装瓶罐打造了一个影响深远、大胆的品牌体验，与中国消费者产生情感共鸣，使百事中国年限量罐成为 2021 年春节庆祝活动里最受欢迎的年货之一（见图 3.35）。

图 3.35　百事 2018 狗年生肖的极简卡通设计

### 4. 风格统一的整合力

在设计中，为了使系列化包装具有强烈的整体性，在画面的表现手法上通常采用同一风格。系列化包装所体现的既统一又富有变化的设计风貌，要求各包装的图形统一并非单一，它可以是多种手法相结合所形成的，也可采用一种简洁明确的表现手法。无论选择怎样的插画风格，都要求整合绘画风格，使作为群体中的每一件包装都彰显家族特征。

威廉森茶（Williamson Tea）是一个来自英国从 1869 年起就代代相传的红茶品牌，该茶叶的包装设计由英国知名设计团队 Springetts 所做。威廉森茶历史悠久，可追溯到维多利亚时代，经过两百多年的发展整合，其茶叶产区几乎覆盖全球所有优质茶产地，严选茶树顶端一心二叶的顶级茶叶。包装的整体视觉系统符号一直保留着品牌创始之初的大象形象。Springetts 设计团队在威廉森茶新品包装设计上同样保留了品牌的专属视觉符号，同时又以三维立体无缝拼接的设计手法，将大象形象完美融合到茶叶罐的包装设计中，使威廉森茶的包装设计既完美展示其视觉识别符号，又和市场同类竞品形成视觉差异化和品牌识别力（见图 3.36）。

图 3.36　威廉森茶

此外，在同一画面风格的统领下，依据同一色彩体系，甚至可以打破同一编排风格，尝试在系列化包装中改变画面在构图中的固定位置，形成动态的系列感，其效果异常生动。这种方法为包装的货架展示提供了更广阔的视觉空间，使单个包装所存在的联系具有时间的流动感，让受众领略到一个连贯性或延展性的视觉空间，增加了产品信息的传达效应。

信息时代的到来，网络多媒体的飞速发展，大数据、人工智能等先进技术手段给商品的流通与销售带来升级和改变。新零售模式重塑了业态结构与生态圈，线上服务与线下体验的深度融合正改变着传统包装设计，智慧化、个性化、定制化的设计将是未来发展的趋势，形成与数字化视觉媒介关联并相互协作的设计新领域。

# 第 *4* 章

# 系列化包装版式设计

消费者从包装上感知商品形象、了解商品信息。除了把握视觉形象设计之外，如何运用图形、文字等设计元素编排出能快速、准确传达商品信息的包装版面，是每个设计师都必须掌握的技能。一个条理清晰、赏心悦目、主题明确的版式设计，能够赋予商品独特的魅力，有效地提升商品的销售率。

系列包装的版式设计，是通过具体而明确的艺术手法把商品文字、标志、插图等信息元素集中而形象地组织排列在包装的三维或者二维空间中，使包装在传递信息的同时，又不失整体的家族传播力。在同一品牌不同商品的系列化包装设计中，整体系统与协调性是版式设计所追求的重要目标。有着卓越表现特点的品牌包装，离不开优秀的版式设计，可以说优秀的版式设计是包装上商品信息传递的"催化剂"，它能在消费者心中搭建一个完美的品牌形象，对商品的市场生命力将产生重要的影响。

## 4.1 版式设计要素

版式设计是品牌在包装上传播信息的桥梁，其设计形式必须符合品牌以及商品主题的思想内容。系列化包装的版式设计是指设计师根据品牌特征、设计主题和视觉需求，在包装有限的版面内，运用造型要素和形式原则，根据特定主题与内容的需要，将文字、图形及色彩等视觉传达信息要素，进行有组织、有目的地组合排列的设计行为与过程。版面构图布局和表现形式等是版式设计的核心，怎样才能达到意新、形美、变化而又统一，并具有审美情趣，取决于设计师的职业素养和敏锐的洞察力，这也是一个艰难的创作过程。可以说版式设计是对设计师的品牌认知、艺术修养、技术知识的全面检验。只有把形式与内容合理地统一，才能取得版面构成中独特的文化及艺术价值，才能解决品牌的诉求。

### 4.1.1　包装版面视觉流程

视觉流程是指人们在进行阅读时，随着版面编排的轨迹自然产生的一种视线流动的过程。这是由人们生理和心理的习惯形成的。一般说来，人们视觉习惯阅读的秩序，是从上到下、从左到右、从左上到右下、从大到小、从近到远等自然产生的一种流动过程。包装由多个版面组成，如果没有一个符合人们阅读习惯的视觉流程，将直接影响消费者对商品信息获取的准确性。一个具有优良表现的包装版面编排，应当符合人们认识过程中的心理顺序，让人们在不经意中被引导先看什么，后看什么，再看什么，以此将信息进行主次秩序的有效传递，使消费者能准确而快速地获得较大的信息量，从而做出购买的决策。

包装版面视觉流程表现的目的，是要按照包装的定位策略，将品牌名称、文字、图形等众多的信息资料，借助编排中视觉流程的设计原理，来进行包装信息之间轻重缓急、主次关系的处理，从而达成视觉信息量传达最大化的目的。视觉流程的表现可从以下方面开展。

#### 1. 视觉导向性的流程

视觉导向性的流程是指借助人物的手势指向、面向、眼神，以及图形元素形态的动势、文字变化的编排等媒介诱导，使视线由大到小、由主及次地按一定的方向运动。通过对设计的各构成要素进行主次信息的引导与串联，使版面的信息有序、直接、快速地得到传递（见图 4.1）。视觉导向性流程的设计应注意元素导向力度在版面上的重心均衡。若版面设计缺乏均衡美感的视觉流程，则会让人感觉紧张、不舒适，从而失去阅读的耐心和进一步与包装沟通的机会。

图 4.1　不二家饮料

#### 2. 视觉位置关系的流程

视觉位置关系的流程是指巧妙运用人的生理特点，以及长期积累的视觉习惯来进行包装视觉流程的设计。如人们生理特点所形成眼睛阅读的最佳视域是版面几何中心偏上位置，以及先看上后看下、先看左后看右等视觉习惯，都可以用来进行视觉流程主次关系的设定。如在包装中心及偏上最佳视域的位置，可安排品牌名称或品牌形象等主要信息，以此作为视觉流程中视线首要切入的位置。

　　嘉士伯（Carlsberg）啤酒在 1876 年就出口来到中国，它由 J. C. 雅可布森（J.C. Jacobsen）于 1847 年在哥本哈根创立，它的名称也是以雅可布森儿子的名字命名的。酒瓶标签上的商标及文字信息居中排列，由 Thorvald Bindesboll（1846—1908）设计，1904 年版的商标沿用至今，格外醒目，其他商品信息由文字大小决定主次，清晰明了（见图 4.2）。

图 4.2　嘉士伯酒标和啤酒产品

### 3. 创造视觉重心的流程

　　因品牌传播的需要，在包装版面中应强调某个表现主题的形态元素，如品牌名称、图形等，使其独居版面上、下，哪怕是在版面某个角的方位，仍能成为画面的重心（见图 4.3）。通常视线的流程往往是从版面的重心开始，有重心的版面，将产生版面的视觉"焦点"，它能快速地抓住眼球，然后沿着形象的方向与力度的倾向来发展视线的进程。当然，这样的重心表达一定要注意版面的空间对比，以及疏密及色彩的对比，使版面重心一目了然。通常重心在上的流程，给人以生机；重心在下的流程，则给人严肃、沉稳的感觉；重心在中的流程，给人信赖、平衡之感。合理应用不同重心的视觉流程设计，将传递出包装版面不同的视觉语义。

　　随着科技的发展，目前设计师不仅通过市场调研的方式研究版式，有些也通过眼动研究进行数据分析。许多品牌的眼动仪和相应的软件配置系统都可以精准地跟踪到被测试者的眼动数据，然后依据注视时间、注视顺序和回视次数等眼动指标来分析问题。眼动研究，不但可以完整地还原被试者在各个页面的注视轨迹，还可以通过划分兴趣区分析被试者对各区域内容的关注度，帮助设计师优化视觉流程。

视频 1：用眼动分析包装设计

图 4.3    Little Birtes 饼干

### 4.1.2    系列化包装的版式构成形式

版式构成是一种对各设计元素进行组织、规划的过程，即将包装上必须表达的视觉元素进行有机地组合排列。版式构成目的在于形成版面设计的语言形式，它是设计表现的"骨骼"，其表现的形式对视觉语言的传达有着重要的影响。包装因呈现三维立体状态，且造型丰富，所以在预定的有限版面内，需将文字、图形及色彩等视觉传达信息要素，进行有组织、有目的的组合排列，较之一般的平面设计，包装的版式设计更复杂、更多样。

在系列化包装设计中，所有的单个包装设计通常都紧紧围绕一个特定的版式构成形式进行，如果没有构成形式就成不了系统。系列化包装中的版式构成不仅要考虑单体包装中主展示面信息传递的完整性，同时还需兼顾包装各个版面信息的延续性，更要兼顾系列化包装版面信息展示的整体性。在统一编排结构下的一系列产品，即便五颜六色或高低错落，却依然可以保持其内在的连贯性（见图 4.4）。这种连贯性存在于单个包装与单个包装编排骨架的一致中，它使包装与包装之间存在如人类家族的"亲情"关系，这种关系无疑强化了系列化包装的内聚力，使系列化产品的展示效果既严谨又活泼，既富有变化又具有整体的统一。所以，了解版式构成形式将有助于针对产品的特性以及包装形态，选择合适的构成形式，以形成系列化包装的版面风格。

图 4.4    Woelffer-139 苹果酒

### 1. 水平式

版面水平式构成是指版面通过水平式的空间分割，形成明显上下两至三块的组织式样。这是一种最常见的、基本的编排结构类型，它简单而有序。水平式构成的表现，通常可将图形元素矩形配置在版面的上或下的位置上，而其他文字等元素则依次自上而下或自下而上进行安排，构成平衡、稳定的包装版面样式。如果将品牌名称在上下结构中进行居中安排，则又会在版面视觉中心获得主题突出的效果。当然，水平式构成的设计运用应注意在平衡理性中寻求感性变化的特点，一般可通过色块的安排增添一份版面的活力（见图 4.5）。

图 4.5　Vital Aquatics 鱼饲料

### 2. 垂直式

版面垂直式构成是依据垂直轴线，将信息元素围绕轴线进行安排的基本样式。它具有挺拔向上、流畅隽永的特点。包装版面垂直式构成可将品牌名称文字自上而下进行主体安排；也可将图像、色块作为轴线式结构进行主体排版，其他辅助文字或元素则围绕轴线主体进行高低错落变化。垂直式构成一方面使包装整体传递出挺拔、崇高的视觉语义，另一方面又由于其他辅助文字等元素构成了虚实错落的变化，使版面的表现在理性中又透出了变化美。在构成时因众要素多以直立的形式出现，所以，还可对局部施以微小的变化，以小面积的非垂直式排列打破其单调、呆板的局面，使之稳重不失活泼（见图 4.6）。

图 4.6　Cu-Bocan 威士忌

### 3. 倾斜式

版面倾斜式构成是系列化包装设计中常见的结构形式。该版面结构是通过将主题文字或色块以倾斜的方式进行排版，构成版面主体的一种动势，给人一种积极的视觉语言样态。其表现的方法除了左下右上对称角的斜置结构外，还可以通过空间形态大小的对比方法，进行斜置版面的编排设计，能使包装通过版面传达出激情和活力。在运用倾斜式的构成时，一是要注意倾斜的方向和角度，倾斜的方向一般由下至上比较好，符合人们的心理需求和审美习惯；二是倾斜的元素能够带来动感，同时也传达着不稳定感，这意味着须处理好动与静的关系，在不平衡中求稳定。

单体包装斜置的版面设计，在系列包装货架展示的整体效果上，会形成较强的动态语言，明晰的节奏能令品牌朝气蓬勃，易获得受众的青睐（见图 4.7）。

### 4. 组合式

组合式的版面结构设计，是将单项系列包装主要展示面的主题图形元素，通过由个体到整体的组合摆放，形成系列包装拼合后的一幅整体画面。系

图 4.7　2ndImpact 保健品

视频 2：俄罗斯乳
制品品牌

列包装分割连续组合的版面结构表现，一方面是对单项包装的单一主展面进行设计，通过系列包装组合后形成一个大的主体图形画面；另一方面主体图形还可以在单项包装自身的几

个版面中延续完成。这都不失为分割再组合的版面结构设计的可探讨方式。与单项的包装版面结构表现相比，系列化包装组合的版面结构表现将形成货架商品醒目与强烈的视觉效果，为市场诉求带来了强有力的视觉攻势（见图 4.8）。

图 4.8　意大利香皂

### 5. 分割式

版面分割式构成是指将版面空间按照设计主旨，划分成两个以上相同或不相同的空间格局，将信息元素围绕设计的要求进行形状、方向的安排，使版面结构呈现出严谨与秩序。版面分割式构成又分"显性"和"隐性"分割构成表达，显性分割使版面清晰直接，分割的方法包括垂直分割、水平分割、斜形分割、十字分割、曲形分割等，表达的是视觉语言理性的一面（见图 4.9）；隐性分割构成是指其版面结构基础无严格规律，它通过潜在的版面骨骼结构来引导版面要素，使各要素看似自由，实际上受控于内在的秩序，其版面结构的表现与显性分割构成相比更显生动和富有变化性（见图 4.10）。

图 4.9　FUJIYA 饼干

图 4.10　苹果酒 Woelffer-139-Cider-Cans

### 6. 自由式

自由式结构是指不受骨骼线的限定，将信息元素进行自由的、散点式的不规则性安排，使版面体现出活跃、轻松、自由的结构样式。当然自由式手法并不是指版面结构的杂乱无序和信息的堆砌，而是要在变化的版面结构信息表达中突出主题，并符合视觉传达的阅读秩序。系列化包装版面结构的自由式表现语言应用，将使包装传递出一份愉悦、轻松的气息（见图 4.11）。

综上所述，系列化包装版式构成是根据商品的主题要求，将文字、图形等信息元素通过有机的排列组合，以个性化的思维表现出来，构成一个理想的、完整的且独具特色的视觉传达方式。一个优秀的系列化包装的版式构成表现，能激发消费者的兴趣，较好地达成信息与情感的沟通，为销售创造良好的条件。因此，对系列化包装版式构成进行研究，将有助于提升系列化包装的品牌形象。

图 4.11　Fallen 伏特加

### 4.1.3　版式设计形式美法则

古希腊美学家认为：美是形式，揭示了形式与艺术本身的关联性。形式美的法则是人类在创造美的过程中对美的形式规律的经验总结，是人们长期对自然界美的形式的一种感悟与认知。它是设计艺术再创造时所遵循的重要法则。系列化包装版面内容与形式美法则的良好表现，将较好地促进信息内容的传递，增强主题表现的力量，为商家获得更多的商业利益。

　　图形、文字、色彩是系列化包装设计中所包含的主要视觉语言元素，其版面设计效果表达的优与劣、巧与拙，都离不开设计师对视觉形式美法则的准确领悟和运用，只有美的形式与内容的高度统一，才能发挥其积极的作用。形式美法则的表现以其法则原理为基础，对视觉元素进行美感视觉的运用与表现，从而达到信息传递的最大化。

### 1. 和谐

　　美是和谐。和谐是一切美好事物最基本的特征，它来源于现实本身，合乎统一规律的过程。追求和谐，在中国传统文化中被视为美的最高境界。系列化包装设计的和谐美感，来源于设计者对表现元素的驾驭。它将带给消费者一种美的体验，一种消费心情的打动。

　　系列化包装版式设计不仅仅是针对一个平面和单体包装而言的，它是对立体和群体包装的相互统一与和谐的表现设计，是将包装的各个面中不同的形态、色调或是相同的视觉元素，按照一定的目的，进行包装版式或重复、或秩序、或相近的安排与设计，使它们之间起到呼应与调和的作用，让包装的整体视觉形象形成既别具一格，又和谐统一的美感。因此，当包装版面中图形色调对比突显时，设计上就须利用相关的形、色的重复，或采用黑、白、金、银无彩色，以及中性灰色等设计方法来降低它的强度，从而达到包装版式的和谐与统一（见图 4.12）。当然，和谐统一美感的设计既要把握统一的限度，又不能单调死板。在统一中求变化，是系列化包装版式设计所遵循的、最基本的美的法则。可以说和谐统一的设计，带给人的是一种美的感受，心灵的愉悦。

图 4.12　酒标

## 2. 对比

对比是指画面中异质、异形、异量等差异视觉元素的罗列与运用，使它们的性质特征突显。一幅精彩的视觉画面，是不会缺乏形式美元素在画面中的良好对比表现的。对比是设计中重要的表现手法，它的运用将使画面的主题更突出、信息更醒目、层次更清晰、表达更具活力（见图 4.13）。

图 4.13　韩国 CW 青佑恐龙饼干

设计中对比的形式规律虽然是简单的，但对比的形式语言却是丰富多彩的，如视觉元素的大小、色彩、比例、空间、进退、动静、长短、点线面、疏密、肌理等的对比。如此之多的对比的形式语言可能会让设计者兴奋不已，但如果不尊重设计的意图和违背了视觉美的法则，则会扰乱人们的视觉美感，影响审美情绪。设计中，当系列化包装版面的视觉形态表现拥堵时，将会造成阅读的疲劳。系列化包装版面显示杂乱，其可能便是由于缺乏精细的要素对比导致的，如字体的大小或形态元素的粗细缺乏对比；系列化包装版面主题不突出，则有可能是信息主次、色彩的关系元素缺乏进退、虚实、强弱等对比引起的。这些都需要用疏密、大小、粗细、虚实及强弱等对比手段来进行调节。因此，在系列化包装的版式设计中，对比是形式美法则中不可忽视的重要组成部分。

## 3. 节奏

节奏无处不在地存在于自然生活之中，如翻滚的波浪、层层的梯田、树的年轮……自然界中的节奏秩序，给人们带来丰富的韵律美感。视觉设计中的节奏是指视觉语言元素有规律地重复与融合，使阅读者体验到韵律的舒展和审美的升华。节奏带来的韵律感能使整个版面具有流动性，它将增加包装版式设计的感染力，让包装形象产生生命的律动。

若想表达包装版式的韵律美，则可将图片、色块等形态元素进行等量连续重复，或不同等量渐变重复的构成排列，使版面在统一、流畅的表现中产生连绵不绝的视觉秩序与韵律美感（见图 4.14）。当然，节奏的表现不应只是简单意义上形态的连续重复，良好的节奏表现要讲究变化起伏的规律。系列化包装的版式设计尤要注意包装容器各版面之间视觉要素的节奏与秩序，使版面呈现出视觉韵律的美感。设计时可通过形态元素在版面上体量大小的区分、曲线长短的穿插、空间虚实的交替等，使丰富的节奏规律的关系进行变化与延伸，这将会使该系列化包装的版面获得不错的韵律美。

图 4.14　曲奇饼

### 4. 平衡

平衡在美学中是指美的客观对象各部分之间是等量关系，但不一定是等形、等质和等价所带来的美感表现。自然界中植物的叶脉、动物的翅膀、人类的五官……各种物质，无不体现出平衡与对称的视觉特点。美国学者鲁道夫·阿恩海姆（Rudolf Arnheim）认为：对称可以产生一种极为轻松的心理反应。平衡不仅能使包装体现出一种庄重、稳定，还可以让人处于放松的静态（见图 4.15）。在系列化包装版式设计中使版面平衡的方法有两种。

一是绝对平衡对称的构图方式：通过包装展示面的字体、图形、色彩形态……产生数量结构上的完全对称性，形成平衡、稳定的版面。但值得一提的是，绝对平衡对称的处理方法容易造成版面的呆板。

二是相对平衡对称的构图方式：通过包装版面字体、图形、色块等元素，用形状、数量、大小的不同排列来形成视觉上的相对对称，这是一种用异形、异量的互相呼应和协调一致来产生版面静态视觉美的最佳方法。它可以巧妙地运用"补充"法，通过用不同的字号、图片的大小以及框、线、色块等来调节版面结构的"强弱"，使包装版面产生均衡态势（见图 4.16）。采用平衡的形式时主要是要注意掌握画面重心，使不同的形态达到协调呼应，使包装的版面在视觉上具有动静变化的条理美和形态美。

图 4.15　传统草药糖浆 sirjan-hi

图 4.16　Flower Pot

## 4.2 系列化包装版式创新策略

系列化包装的版式设计离不开新颖创意及个性化的表现，艺术化的创造应以符合版面设计的基本原则为前提，从技巧与思想内涵上着手进行融合创新。

### 4.2.1 明晰设计原则

#### 1. 突出主题信息

系列化包装版式设计的重要意义在于不仅要具备引起消费者注意的能力，同时还要清晰反映出包装的主题概念。主题是系列化包装设计信息的"核心"，是设计者所表达的重点。面对众多的商品信息元素，在设计中可运用空间、层次、大小、色彩等手法对主题进行规律性的设计。如通过放大主题形象，缩小次要形象元素的手法，使信息主题形象成为版面的视觉焦点。当然也可运用主题形象的色彩鲜明化，从属形象色彩的低纯度化来表达其主次关系。同时还可增加主题形象四周的空白量，使被强调的主题形象突显出来等，这些都是突出主题概念的较好方法（见图 4.17）。可以说，主题明确的包装版式将有利于包装上信息的快速浏览，为包装商品创造更多的认知机会。

图 4.17　Kalfany 糖

#### 2. 实施系统性表达

系统性的表达是"家族式"商品包装形成的必然条件，也是形成该商品品牌形象市场强大攻势的重要手段。系列化包装的系统性表达是通过版面构图和色彩策划，形成关联于整体、鲜明而强烈的群体化特征，以引起市场消费者对该品牌包装商品的关注与认知。设计时应注意把握版面元素延伸与关联的表现适度。如果过分强调统一的概念，则易造成整体形象的呆板。当然，表达元素变化过多，也容易扰乱和模糊包装品牌的整体形象。那么如何合理把握系列化包装统一与变化的设计特性呢？关键点就是保持版式风格的一致性（见图 4.18）。当版式设计在构图、色彩表现上变化过多时，应考虑在商标、品牌名称上进行重复与统一的设计安排，使系列化包装相互间产生关联，形成变化而又不失统一的整体风貌。

LIFEWTR 是百事公司推出的高端水品牌，是一款"PH 平衡、添加电解质改善口味"的纯净水。定位"高端纯净水"的 LIFEWTR 由设计驱动品牌，百事公司的营销人员从设计、时尚、美术、摄影等领域挖掘了一批新兴艺术家轮流参与相关设计，瓶标图形五彩缤纷，但通过庄重的板式和突显的品牌名称使之协调、统一。LIFEWTR 融合创意和目标为千禧一代提供优质水体验，用品牌形象设计所展现的创造力和时尚感吸引受众。不仅从产品成分上强调自身的健康与口感，更呈现了具有辨识度和设计感的品牌标识与包装设计（见图 4.19）。

图 4.18　ATIPUS-ROJALET

图 4.19　LIFEWTR

### 3. 协调内容与形式

形式美固然能使系列化包装产生难以抗拒的艺术美感，但应以能明晰反映商品的信息主题为前提。脱离内容或只求内容而缺乏形式美的表现，都将使系列化包装的版面设计变得空洞而呆板。要想系列化包装的版式设计获得内容与形式的完美协调，设计者应注意结合包装的主题，用形式美的法则找寻一种和谐完美的表现形式，使系列化包装设计展现出独特且具美感的个性，以获得消费者的青睐（见图 4.20）。

图 4.20　Open your wild 咖啡

### 4. 增强艺术美感

主题明确后，版面构图布局和表现形式等则成为版式设计艺术的核心。版面的内容犹如花朵，其表现的形式好似绿叶，只有它们相互映衬才会产生美感。怎样才能设计出意新、形美、变化而又统一的版式，往往取决于设计师的文化涵养。所以说版式设计是对设计师的思想境界、艺术修养、技术知识的全面检验。包装的版式设计不仅要传达出商业信息，更需要传递出能与人沟通的一份真挚情感。系列化包装版式艺术美感是通过版面的文字、图形、色彩完美的结合，使消费者自然而然地获得愉悦、认知和升华（见图 4.21）。当然，艺术的魅力不应只存在于表象上，还应体现出丰富的艺术底蕴。通过对比、韵律、和谐等

图 4.21　Mirinda 饮料

艺术美的表现手法传递出版面的视觉语言，使包装融商业性和艺术性于一体。

### 4.2.2　善用构成技巧

#### 1. 统一中求变化

统一中求变化的系列化包装版式设计，主要是指在强调版面结构设计相同、统一的情况下，如何进行求变的设计。过分的统一画面，将带来画面的单调，失去系列化包装表现的生动性。统一中求变化是任何完美的系列化包装设计都应有的因素，它将使系列化包装形成既具有美感，又不失有机联系的整体，一般分为两种方法。

一是版面骨骼结构相同，其他表现元素不同：这是指在系列化包装版式设计中，通过版面骨骼结构的统一来确定系列设计的基本版式，但在其他视觉元素中追求变化。这样的版式设计可根据商品的差异进行图形的变化，或根据商品特性进行包装色彩的变化，使系列化包装通过版式设计强化家族基因或品牌特征（见图 4.22）。

二是版面骨骼结构相同，表现风格不同：这是指在系列化包装图形表达不同时，运用相同的版式骨骼结构获得系列化包装变化却统一的风貌。例如，在同品牌的系列化包装中，对于相同的图形元素的表现，不仅可用细腻的线条、粗犷的块面、流畅的曲线，还可用木刻、水彩、国画等质感不同的绘画表现风格，强调系列化包装中整体与局部的求变性，使包装在不失系列化特征上形成独特风格，彰显品牌个性。

图 4.22　Fuego Spice Co 产品

### 2. 交流中求互动

　　包装的版式设计是通过调动文字、图形、色彩等视觉元素在既定版面上进行编排设计的，它不是一种纯粹强调艺术形式的设计，而是商品信息的"载体"，肩负着传递信息的特殊使命和责任。版式设计在准确传递商品信息的同时，应强化形式和内容的互动关系，以期产生良好的品牌传播和商品营销效果。

　　简约设计是现代设计中的一种设计理念，包装版面的风格保持简洁独立更易使人和物之间形成互动。人的眼睛有联想填充视觉空缺部分的能力，这就是常说的想象力。为了让受众发挥想象力，版式设计可运用减法逻辑，力求形象生动，简洁通俗。这种方法涉及设计心理学的知识点——周边视野，对纷繁的信息进行精简反而能调动受众的周边视野。"少即多"，它能让消极的旁观者变为积极的参与者，使之产生联想，加深对商品的印象，甚至做出购买决定。版式产生互动交流还离不开情感共鸣，版面中的趣味性是一种吸引受众关注度的视觉元素。版式设计中灵动的文字、有趣的图形、养眼的色彩都是情感的表现，另外，出血版也能够表达特别的感情。总之，以人为本，摆脱平庸，才能给包装注入新的活力（见图4.23）。

视频3：果酱调
色盘

　　系列化包装版式设计是多样化的，设计时最关键的一点是要把握包装设计中始终不变的共性因素，即保持设计元素的一致性，使之产生良好的视觉效果。

图4.23　TRANGE LUVE 杜松子酒

# 第 *5* 章

# 系列化包装形态设计

　　包装设计是将产品概念、定位结合创意的思维，以特定的材料和形式达到对产品的保护和销售，帮助产品提升价值的行为。包装设计不仅需要解决包装上的标志、文字、图形、色彩等平面设计问题，还需要解决包装造型、材料应用及结构设计等问题。包装设计涵盖物理、生物、艺术、人文、材料等多方面知识，属于交叉学科群中的综合科学。它有机地吸收和整合了不同学科的新理论、新技术、新材料和新工艺，是从系统工程的观点来解决商品保护、储存、运输以及销售等流通过程中的综合问题。因此，包装设计的内容既包括二维视觉传达设计，又包含三维立体形态设计。

　　所谓形态，通常是指事物的外部形体、状态，它是事物内在材质、结构等因素的外在表征。系列化包装的形态设计即指设计师为某一系列产品所执行的包装外观形状和表现状态的设计。从设计角度来看，系统化包装的形态设计是基于商品特性，将人们的审美需求结合一定的物质材料与包装结构，塑造一种形体，即造型，以此来保护商品，体现商品的品牌价值乃至促进销售（见图 5.1）。

图 5.1　Remy Martin Louis XIII 人头马路易十三

# 5.1  系列化包装造型设计

造型设计是系列化包装形态整体构成的关键。系列化包装造型设计是以纸、塑料、金属、玻璃、陶瓷等材料为主，利用各种加工工艺创造形成的立体形态。"造型"的概念并非单纯的外形设计，它涉及内容物性质、材料选择、机械性能、人机关系、生产工艺等各种因素，因此，它是一种更为广泛的设计与创造活动。一般来说，包装造型的基本类型包括：瓶式、罐式、筒式、管式、杯式、盘式以及各种盒式等。系列化包装造型设计除了考虑包装类型的特性和工艺要求，还需要遵循以下设计原则。

## 5.1.1  系列化包装造型设计原则

### 1. 品牌化原则

包装的造型可以成为品牌的符号，让人一眼就能识别。如可口可乐瓶堪称经典的包装瓶形（见图5.2），已成为众人皆知的品牌符号。

包装容器造型是以体的特征存在的。体有多种形式，如方体、锥体、柱体、球体以及这些体相互组合构成的形体等，它们构成了系列化包装造型的基本形态。无论是简单的还是复杂的形体，尽管形态上有所差异，但都是由相应的元素构成的。将这些形态根据客观的需要，以主观的意向对其改变、塑造、组合，将获得丰富而生动的包装造型，并成就品牌的知名度。例如，瑞士三角牌（TOBLERONE）巧克力，于1908年诞生于瑞士，以瑞士牛奶巧克力加上蜂蜜和杏仁造就了其独特口味。巧克力配以三角造型的独具匠心的包装，该包装的灵感来自于阿

视频1：瑞士三角牌巧克力

尔卑斯山脉的马特洪峰（见图5.3）。一年后，这个独一无二的三角形包装申请了第一个专利，使之成为世界上消费者熟知的糖果品牌。可见，从品牌化建设的角度设计包装的造型是行之有效的办法。

图5.2  可口可乐

图5.3  TOBLERONE 巧克力

### 2. 实用性原则

包装造型设计首先是给产品带来最佳的问题解决方案。包装造型设计不是纯艺术的，

可以由艺术家天马行空地任意发挥。包装造型承载着传递产品信息的义务，须使产品内在的品质、内涵等因素体现为外在的表象因素，产品造型设计应以此为基础展开。首先需从产品的保护性和使用的便利性出发，产品的造型或依据于产品的外观形态，或源于产品的功能性需求。如五金产品，其外形或长或方，包装的造型设计必须满足产品的固有形态，以便与产品契合得更加紧密（见图5.4）。避免因造型不当产生包装的剩余空间，引起储运过程中因震动、挤压和碰撞所造成的损失。

图 5.4　AIAIAI架（丹麦）

某些产品本身具有与众不同的特性，如啤酒、香槟等易产生气体而膨胀的液体包装，该类产品的造型采用圆体的外形比较合适，有利于均匀地分散胀力，避免容器的破损。又如香水的气味容易挥发，一般在设计香水瓶容器时体量和口径不宜过大，以降低挥发损耗和使用时控制用量。

### 3. 宜人性原则

美国设计专家穆勒在《设计二十一世纪的产品》中分析了设计将发生的变化。其中说到"目标：产品设计必须找到自己的路，以实现其最终的目标——技术的人性化"。人在进步过程中，不仅要求设计满足基本的功能性，还要从人的生理及心理舒适协调出发，努力追求人和物组成一体的人—机—环境系统的平衡与一致，从而使人获得生理上的舒适感和心理上的愉悦感，这是现代设计的必然趋势，更是包装造型设计所必须遵循的基本原则。来自意大利SANTERO品牌旗下的"天使之手"DILE系列葡萄酒，酒瓶造型源自意大利文艺复兴著名画家米开朗基罗的作品《创世纪》，将作品中的上帝之"手"复制在酒瓶上，这款起泡甜酒无论是朋友小聚，抑或是个人小酌，都会"酒不醉人人自醉"——把握酒瓶时已令人陶醉（见图5.5）。

造型设计的宜人性应根据受众的行为习惯、心理状态、人体的生理结构、人的思维方式等，在实用性基础上，对产品包装造型进行优化，使包装造

图 5.5　"天使之手"葡萄酒

型看起来舒适，用起来方便。产品理化性能、用途、使用对象、使用环境等，均应成为包装造型设计的考虑因素。一旦造型脱离了消费者使用的便利性，再美的形态也是徒劳的。因此，大到整个形体，小到一个盖子，都要使造型更好地体现宜人性的设计理念（见图5.6）。

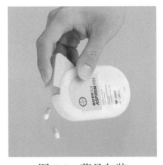

图 5.6　药品包装

### 4. 审美性原则

包装造型的审美性是指包装的造型形象，通过人的感官传递给消费者的一种心理感受，影响人们的思想、陶冶人们的情操。审美是人类特有的艺术禀赋和智慧，它来自人类心灵的强烈需求。因此，它受到消费者的极度关注，也引起企业策划者和包装设计师的高度重视。我国几千年悠久的民族传统文化，已形成独有的东方文化风格，许多传统的包装一直以其优美的造型而深受世人喜爱。如梅瓶（见图5.7），是古代盛装酒水的容器包装，由于其造型结构特点是细口、短颈、宽肩、收腹、敛足、小底，整体比例修长，形体气势高峭，轮廓分明，刚健挺拔，因而一直延续至今（见图5.8）。

在造型设计中，既要注重立体的外表形态，如形体比例、曲直方圆的变化，又要重视表层的装饰美化，如色彩、肌理的处理，还要把握造型中标帖等附件与之的搭配组合（见图5.9）。当然，包装造型的美不是一种孤立的视觉感受，它必须体现在各元素的相互作用之中。形态设计只有通过材、形、色三者的交融才能提升到意境层面，所以，造型设计不是踽踽独行，而是携手共建，传递引人入胜的美感。

图 5.7　元末青花缠枝牡丹梅瓶

图 5.8　水井坊（梅瓶）
2017 年

图 5.9　意大利 COLLEFRISIO
葡萄酒

## 5.1.2　系列化包装造型设计方法

### 1. 统一风格

系列化包装设计中注入令人赏心悦目的外观形态是十分有益的。由于系列化产品规格的差异性，形成了包装大小或形状上的变化，因此设计师应对不同规格的包装造型进行统

一设计，创造具有某种外形特点的包装结构，使一系列的产

如系列化妆品，产品的特性造成了包装容器形态的不同，形成了大大小小、高低错落的包装造型。这时必须强调设计中的基本形态或个性形态。如对基本形态加以局部切割，使形态产生一定面的变化，从而在系列化包装中强调该造型的装饰特征；也可在瓶盖上统一造型特征等，使系列化包装的整体造型达成协调统一（见图 5.10 ）。

图 5.10　生堂悦薇珀翡系列

首先，系列化包装设计的表现手段是多样的，设计时最关键的一点是要把握包装设计中始终不变的共性因素，即保持设计元素的一致性，使之产生良好的视觉效果。所有的表现形式不一定同时采纳，可选择其中一些元素作为表达的关键。其次，系列化包装的产品仅限于同类产品，不得让非同类产品渗入其中，避免产生杂乱无章之感，从而对消费者造成误导。最后，系列化包装设计的档次要分明，同档次的产品可以进行此种包装，不同档次的同类产品不宜采取此法。如果产品档次参差不齐，却以系列化包装形式出现，则会失去销售价值，影响消费者对整个品牌的信赖度。

总之，系列化包装设计强调企业统一的形象特征，设计时要把产品的主要信息如形象、品质、特点及产品的优越性等，通过简洁、感人的视觉形象统一表现，使其明确而突出，以达到有效传达的目的。

### 2. 形体演变

形体演变指基本形体通过演变进而产生变化，是寻求和发现新形体的一种常用方法。进行形体演变，首先应该确定一个基本形体，根据需要向它施以外力作用，使之过渡到另外一种形体，即在基本形体上施加增减、切割、压延、拉伸、扭曲、凿孔等外力手段，以求得新的变化。演变过程并不需要从根本上改变形体的主要特征和结构，而是促进造型的发展和变化，旨在用创新的设计思维彰显形态的表现力。

在进行系列化包装形体演变时，设计师应具备对新形态的表达力和控制力，要把握好起主导作用的形态特征，分析形态构成要素的表情及性格，掌握形态变化规律，并以此为依据选择适当的变化手段对形态加以塑造。此外，还需注意包装造型"共性"的保存，尤其是形体的外轮廓，要给人以线条流畅、简洁明快的统一感觉。遵循"求大同存小异"的原则，这样纵使产品规格不尽相同、包装外形大小不等，依然可以形成一组高低错落、大小有别，却又和谐统一、相映成趣的系列化包装形态（见图 5.11 ）。

图 5.11　RICEMAN

### 3. 仿生塑造

仿生塑造主要是运用艺术与科学相结合的思维与方法，模仿生物的特殊本领，利用生物造型、结构和功能原理来设计产品或包装的设计方式。自古以来，自然界就是人类各种科学技术原理及重大发明的源泉。人类生活在自然界中，与周围的生物做"邻居"，这些生物千变万化的形态吸引着人们去想象和模仿。系列化包装的仿生塑造是以自然界中生物体（包括动物、植物、微生物、人类）和自然界物质存在（如日、月、风、云、山、川等）的外部形态及其象征寓意，通过相应的艺术处理手法将之应用于包装设计之中（见图 5.12）。它是以自然界万事万物的"形""色""功能""结构"等为研究对象，有选择地在设计过程中应用这些特征原理进行的设计，同时结合仿生学的研究成果，为设计提供新的思想、新的原理、新的方法和新的途径。

仿生物形态的设计是仿生塑造的主要内容，强调对生物外部形态美感特征与人类审美需求的表现。在对自然生物体，包括动物、植物、微生物、人类等所具有的典型外部形态的认知基础上，寻求产品形态的突破与创新。仿生不等于原版模仿，而是在原始形态的基础上加以概括、提炼、突出富有表现力的风貌、特征，减弱次要部分和烦琐细节，进行艺术性的意象处理（见图 5.13）。借助产品的形态进行画龙点睛的设计处理也是奇思妙想（见图 5.14）。在包装容器造型设计方面，人们借助模拟与概括的表现手法，通过对自然界中某种物体的写实模拟或意向模拟，增加包装造型的感染力（见图 5.15）。

图 5.12　鱼俱乐部酒 Fish-Club-Wine-01

图 5.13　动物吸水毛巾

图 5.14　"萌鸟"芒果

图 5.15　日本海产品小零食

#### 4. 分割组合

分割组合指根据造型的形式美法则，对基本形体相减或相加，从而产生一个新的形态。一般采用切割法和组合法进行，以实用原则为主，审美原则为辅，打破基本形体的整体分布（见图 5.16），常具备几何形特征，给人简洁的视觉效果。

切割法是根据构思确定基本几何形态，然后进行平面、曲面、平曲结合切割，从而获得不同的体块，还可根据需要使体块重新组合，构成新的形体。同一基本形体，切割的切点、大小、角度、深度、数量的不同，其造型也会有很大的差异。组合法指基本形体的相加，是两个或两个以上的基本形体组合成另一个形态，用基本形组合方式构筑的造型丰富多彩。系列化包装造型设计要注意组合的整体协调，组合的基本型种类不宜过杂、数量不宜过多，否则会使造型变得臃肿、怪诞。因此，要做到反复试验与研究比较，以获取最佳展示效果。

图 5.16　Llongueras 护理品

图 5.17　3210 护发品

#### 5. 自由塑形

包装造型是一门空间艺术，为了显示品牌的独特性，有时会采取自由塑形的方法进行设计。自由塑形是相对于常规的均齐、规则的造型而言的，对基本形施以弯曲、扭转等非均衡化变形。它是探索和发现新形态的另一种极富创造性的造型方法。其变化幅度较大，可以在基本形的基础上进行弯曲、倾斜、扭动，或其他反均齐的造型变化。其夸张的形态符合追求时尚、个性、另类的现代群体需求（见图 5.17）。

自由塑形仅仅依靠想象是不可能获得令人满意的效果的，它是通过外力作用和内力运动所构筑形成的。当我们设计出较为满意的主视图后，还要考虑侧视图和俯视图的形态。在塑造过程中不断发现、创新，使设计趋于理想和完美。在系列化包装造型设计过程中，除了要考虑单个形态与整体组合的协调统一外，还需斟酌加工技术和成本的可行性。一般来说，这种形态变化幅度大，成型及加工均会存在一定难度，因此，该方法多应用在追新求异的高档系列产品包装中。

#### 6. 附加装饰

附加装饰是对形体表层进行线、形装饰，或饰物点缀，使之产生丰富多变的视觉形态。线、形装饰主要是在形体表面施加一些线条或装饰性的图案。这些线、形可以是具象的，亦可是抽象的；可以传统化，也可以时尚化。一般采用凹饰、凸饰或凹凸兼饰的手法，有时还施以不同的肌理纹样，赋予容器造型神秘和浪漫的色彩（见图 5.18）。人们通过触摸包装表面的肌理，感受物品的软硬、粗糙或光滑等，不仅加深消费者的视觉记忆，也影响消费者的心理感知。总之，包装容器上的装饰点、线、面，不仅能起到美化作用，还可以提高容器的强度，甚至具有防滑实用的功效。

饰物点缀是指在容器造型本体之外再附加其他的装饰物件，有着画龙点睛的作用，增加了造型的情趣（见图 5.19）。装饰物件包括：印刷的小吊牌、绳结、丝带、金属链等。附件是为主体服务的，选择时要深思熟虑，材料、形状、大小等均要与主体形态达到协调统一。系列化包装运用附加装饰的造型方法，可以极大地增强包装的视觉传达效应。设计时，一要确定好线、形装饰的一致性风格；二要把握统一的装饰物件，切勿造成纷繁芜杂的效果。

图 5.18　Daisy Dream

图 5.19　圣罗兰（YSL）2020 自由之香

## 5.2　系列化包装材料应用

材料是包装的物质载体，是体现设计思想的物质基础，系列化包装的形态需要依靠材料来实现。科学技术的发展大力促进了新材料源源不断地涌现，现代材料的丰富性改变了人们选用材料的传统观念，同时促进了包装形态的革命性改变。人们不断研发新材料、探索新材料，并运用新材料来实现产品形态创新。

包装材料拥有各自的性能和特征，这些性能特征主要体现在物理、化学和视觉三个方面。物理特性主要体现在材料的强度、刚度及光电性能等方面；化学特性主要体现在材料的防腐、抗腐能力及其他化学特性方面；视觉特性主要体现在材料的形状、肌理和色彩等方面。设计师欲求熟练地应用材料，首先从认识材料开始。

### 5.2.1　包装材料的种类及特性

包装发展到今天，所使用的材料是十分广泛的，从自然素材到人造包装材料，从单一材料到合成材料，包装行业已形成以纸质、塑料、金属、玻璃、陶瓷等材料为主要构成的包装格局。

### 1. 纸质包装

一般的包装用纸统称为纸质包装。纸质包装的出现彻底改变了包装业的根本结构，并以势不可挡的力量确定了它在包装领域中的重要地位。目前纸的抄造技术、加工技术、强化技术、复合技术及印刷技术都在快速地发展，不仅弥补了纸类材料性能的不足，而且还极大地扩展了纸包装的应用范围。包装纸的品种较多，性能也有一定差异，主要包括：牛皮纸、白牛皮纸、鸡皮纸、羊皮纸、仿羊皮纸、纸袋纸、胶版纸、半透明纸、防油纸、瓦楞纸、石蜡纸和玻璃纸等。用于食品包装的还有一些专用复合纸材，如保鲜纸、镀铝纸、复合纸等。纸包装容器按其形体特征，可分为纸盒、纸箱、纸袋、纸杯、纸碗、纸罐、纸桶和纸浆模塑制品（见图 5.20）等。

视频 2：可口可乐
纸瓶

纸质包装具有易加工、成本低、适于印刷、重量轻、无毒、无味、无污染等优点，但也具有耐水性差、强度较弱等不足。不过其方便储运、适宜回收的特性，尤其是纸材重量轻、缓冲性能好、适于折叠成形，使之在包装材料中拥有稳定地位，可形成种类繁多、造型各异的包装＋形态（见图 5.21）。伴随绿色革命在全球范围的兴起，纸品包装将更加受到人们的青睐，并有望持续性地保持在包装工业中的首要地位。

图 5.20　纸浆模塑包装　　　　　图 5.21　纸包装造型

### 2. 塑料包装

人工聚合物的产生及发展是 20 世纪材料界的转折点，而塑料的产生使包装材料发生了翻天覆地的变化，特别是近二十年来大多数包装技术及设计上的新发展、新突破都发生在塑料领域，塑料的潜力正在被不断发掘。

塑料是以合成或天然的高分子树脂为主要材料，添加各种助剂后，在一定的温度和压力下具有延展性，冷却后可以固定其形状的一类材料。根据受热加工时的性能特点，可分为热塑性塑料和热固性塑料两大类。热塑性塑料加热时可以塑造成形，冷却后固化保持形状，主要品种有：聚乙烯（PE）、聚丙烯（PP）、聚氯乙烯（PVC）、聚苯乙烯（PS）、聚酰胺——尼龙（PA）、聚酯（PET）等，多为软性材料。热固性塑料加热时可以塑制成一定形状，主要品种有酚醛塑料（PE）、脲醛塑料（VF）、密胺塑料（MD）等，一般采用模压、层压成形，属刚性成形材料。大多数塑料比重小，容易着色，可塑性强，有好的光泽和透明度，价格低廉，适于大规模生产。成形容易，所需成形能耗低于金属材料，可以制成各种造型的容器（见图 5.22）。塑料在包装领域越来越被广泛应用，原先包装饮料的容器是玻璃瓶，其次是纸质复合罐，现在 PET 已经是碳酸饮料及非碳酸饮料使用最频繁的包装材料了。塑料包装按其结构和形状特征，可分为箱、桶、瓶、罐、盒、软管、袋和发泡制品等。

　　包装行业塑料用量占全球塑料产量的近四成，我们同时也要清楚其中饮用水瓶、食品包装及塑料购物袋是塑料污染的最重要的来源。自 2018 年以来，全球限塑步伐明显加快，塑料的科学研究也在加速。近年研发的纳米塑料具有优异的物理力学性能，如高强度、耐热性、高阻隔性及优良的加工性能，属生态友好型材料，易用于食品、各种化学原料的包装。因此，尽管存在塑料造成环境污染的顾虑，但塑料的高效性、经济性和功能性的优势，依然使塑料包装成为仅次于纸质的现代包装材料被广泛使用（见图 5.23）。

图 5.22　N.A!

图 5.23　SUGAO 草莓蛋糕化妆品套装

### 3. 金属包装

　　金属是一种坚固而价廉的包装材料。从 1795 年拿破仑出于有效保护军队食物而选择金属材料做包装存储消耗物质的想法，到 1810 年英国的杜兰德（Peter Durand）设计了马口铁罐密封容器，再到 19 世纪末，美国首次把铝材运用于包装。在这两百多年间，金属材料因具备机械性能好、易于实现自动化生产等特征，一直保持稳定的发展态势。

　　金属包装包括铁皮制品和铝制品两大类，铁皮制品主要由薄钢板、马口铁（镀锡薄钢板）构成；铝制品来源于铝箔、铝合金箔等材料。金属包装是通过对金属板材的加工获得的，所用设备多而庞大，工艺相对复杂，生产成本较高。但因其材料强度高、易回收、阻隔性能优、保质期长、防潮避光等优点，尤其是易于造型，能制作外观独特的包装形态，从而形成了金属罐（三片罐、两片罐）、金属盒、金属箱、金属桶、铝箔袋、金属软管和金属喷雾罐等种类繁多的包装形态，且被广泛应用于食品和饮料包装，以及化工日用产品、医药产品的包装。近年来，软饮料市场的日益繁荣更是为金属饮料包装创造了广阔的市场空间。

　　威廉森茶（Williamson Tea）是一个源自 1869 年的英国红茶品牌，近年来英国知名设计团队 Springetts 设计了由 21 款别具特色的彩绘大象的系列茶罐，保留了品牌创始之初的大象视觉系统符号，以三维立体无缝拼接的设计手法，将大象形象完美融合到茶叶铁罐之中（见图 5.24）。

图 5.24　威廉森茶 Williamson Tea

### 4. 玻璃包装

玻璃容器之所以能被早期的人类制造出来，主要是因为它的基础材料在自然界中非常容易获得，如石灰石、苏打、硅土或沙子。当这些材料通过高温加热熔合在一起时，就形成了玻璃的液体形状而供随时铸模成形。

玻璃作为包装容器材料，具有质地坚硬、不易变形、气密性好、无毒无味、耐热耐磨、质地晶莹透明、易于回收复用和再生利用等特点。与此同时，玻璃瓶的耐冲击性较差、易碎、灌装成本高、成形加工较复杂，限制了玻璃瓶的广泛应用。但玻璃容器因既可高温杀菌，也可低温贮藏，且不污染内装物的特点，依然被用于食品类、化工类、医药类包装。无论哪一个国家，大多数酒瓶始终沿用传统的玻璃瓶，在保护酒质的同时也营造醇厚的气氛（见图 5.25）。玻璃容器因具有很好的防酸、防碱性能也被广泛用于化工产品的包装，有色玻璃更可保护敏感产品（见图 5.26）。此外，玻璃色泽晶莹剔透、造型千变万化的优势，使玻璃成为高档香水包装材料的专宠。

玻璃包装材料从外观来分，可分为无色透明玻璃、有色玻璃和磨砂玻璃等。按所盛装的物品分，有罐头瓶、酒瓶、饮料瓶、调料瓶、化妆品瓶、医药瓶等。玻璃瓶的结构和造型可以根据产品包装的需要进行各种设计，制造时通过改变模具来实现。同时，可以选用不同颜色的玻璃瓶，以适应不同特点的商品包装要求。玻璃容器所拥有的诸多优良特性，使得这一包装材料在材料领域始终占有一席之地。

图 5.25　Bib & Tucker 波旁威士忌

图 5.26　CHANEL N° 5

### 5. 陶瓷包装

陶瓷包装是以铝硅酸盐矿物和某些氧化物为主要原料，按一定的配料比例，通过特定的成形、烧制工艺制作的硬质制品。在距今 8000 年前，先民们就已经将陶器作为主要的盛装器皿。随着科学技术、商业经济的发展，陶瓷包装的应用范围不断扩展，如食品、饮料、化妆品、工艺品、化工产品等。

陶瓷包装基本可以划分为陶器包装、瓷器包装和炻器包装三大类。陶器烧成温度较低（1100℃左右），具有一定的透气和吸水性质，不透明，强度略低于瓷器，有粗陶和细陶之分；瓷器烧成温度较高（1300℃以上），质地紧密、精细，硬度较强；炻器烧成温度（1200℃以上）介于陶器和瓷器之间，强度较高，不透光，吸水性较差。陶瓷包装常见种类有缸、坛、罐、瓶等。

陶瓷包装容器具有良好的耐热性、隔热性，且耐酸、耐碱，质地坚硬，抗压强度高。由于陶瓷包装在造型、色彩和质地上的韵致，使崇尚自然、追求古朴的人们对其宠爱有加（见图 5.27）。加上 21 世纪，各国对环境保护的重视，也使其地位得以较好提升。

图 5.27　山西汾酒

### 6. 竹、木包装

竹、木包装是指由天然竹子、木材以及人造竹木板材（如胶合板、纤维板）制成的包装统称。

木材是一种古老的包装容器，在我国战国时期就有精美绝伦的木匣，红黑髹漆，典雅富丽。"买椟还珠"的故事也告诉了人们战国时期香木在珠宝包装中的宠爱地位。木材包装主要包括：木盒、木箱、木桶以及木盘等。木材作为包装材料使用具有很多性能优势，如抗机械损伤能力强、可承受较大的载荷、具有一定的缓冲性能、取材广泛、易于回收复用等特点。因此，木材被广泛用于具体量感的机械、五金、电气、仪表等商品包装。由于木材具有天然纹理以及温润的质感，因此它也常被用于礼品包装，如珠宝首饰、至尊酒品、元牌茶包装（见图 5.28）等。但天然木材易收缩开裂、吸湿变形，还常有异味，加工成本较高，因此使用受限。目前，对环境友好的绿色木材代用材料及其制品被广泛推广运用。

竹包装是近年来兴起的代替木材、纸、金属、塑料的新型材料包装。竹包装是利用可再生竹资源经一系列工艺制成，主要有：竹编织包装、竹板材包装、竹车工包装、串丝包装、原竹包装等系列。竹包装随着加工工艺的发展，应用范围正在不断扩大，常见的竹包装用于水产、特产、茶叶、食品、酒类、礼品类等包装。竹包装不仅实用，而且具有一定的欣赏价值，是件不错的"艺术品"。因此，市场上的大闸蟹、粽子、月饼、水果、茶叶、特产等各类产品的外包装都有选择竹包装，或竹篮或竹盒，显著提高了产品档次，是节日礼盒的不二之选，使用完毕后还可以当作家居装饰品或收纳盒重复利用（见图 5.29）。由于竹子的成材期短，因此竹子已成为替代木材的重要资源。

图 5.28　元牌茶包装

图 5.29　中式竹编提篮

## 5.2.2　系列化包装材料的应用

材料作为包装的载体，是体现设计思想的物质基础，在整个包装发展过程中起到了不可忽视的作用。包装材料的合理应用已成为当代设计师拓展设计思路，跟上时代发展的重要途径。因此，优秀的设计师必须具备对材料的判断能力和驾驭能力，系列化包装借助合适的材料，才能更好地展示出品牌的风格。

### 1. 适应产品功能需求

产品的类别不同，所表现的物态、物理化学性质等也有区别，因此包装材料的选择首先要符合产品的功能性需求。注重产品品质的安全性、操作性、方便性和流通性。如啤酒之类的产品要用巴氏法灭菌，所以选用玻璃材质；而玻璃的易碎性却使它不适合洗浴产品包装，也不适合婴儿产品包装。另外，不同食品的化学成分、理化性质等各不相同，因此不同食品对包装的防护性要求也不同。例如，蛋糕含油脂较多、松软，有一定最佳含水量的要求，因此需要具备防油、高阻氧性和高阻湿性的包装材料。而绿茶、红茶的包装材料应具备高阻氧性、高阻湿性、高阻光性、高阻香气性。创立于 2014 年的北京小罐茶业有限公司，是互联网思维、体验经济下应运而生的一家现代茶商。小罐茶用创新理念，以极具创造性的手法整合中国茶行业优势资源，联合六大茶类的八位制茶大师，并采用真空充氮金属小罐保鲜技术（见图 5.30），不仅使茶叶保鲜，也扩大了品牌的知名度。但同为茶叶的普洱茶，为了保持环境和温度的稳定，让普洱茶能够充分地发酵，宜选择白棉纸、马三纸作内包装，它们良好的透气性对茶叶的存储和自然陈化具有良好的作用，助力茶饼发挥出更香醇的味道（见图 5.31）。

　　因此，设计师必须充分了解产品本身的性质和保护性要求，并优先选用按标准生产的材料，利用规范的性能、质量，保证材料的功能、强度，实现预计的包装效果。对于非标准材料或一些新型材料，最好通过相应标准的试验规范，检测确定材料质量，保证产品的功能性需求。

图 5.30　小罐茶　　　　　　　　　　　　图 5.31　传统普洱茶包装材料

### 2. 满足受众情感体验

　　美国社会未来学家约翰·奈斯比特（John Naisbit）认为："我们的社会里高技术越多，我们就越希望创造高情感的环境，用技术的软性的一面来平衡硬性的一面。"所以，情感作为消费者特有的复杂心理活动是品牌赖以传播的基础。以五感为设计方向是当今"沟通设计"时代的热门话题，五感是指视觉、听觉、嗅觉、味觉和触觉五种感官感觉。材料既是可视、可触的有形物，也是可嗅的无形物。设计师通过对包装形态、色彩、肌理，甚至味道的把握，赋予材质人性化的"性格"和"生命"，能带给消费者一种情感体验，满足人们高层次的心理需求（见图 5.32）。

图 5.32　意大利 Eda's 巧克力礼盒

现代科技为包装设计提供了丰富多彩的应用材料，材料的特性不仅仅在其形而在其质。材质予人的体验主要是视觉与触觉，材料的质感首先通过形态的表面特征给人以视觉和触觉感受。视觉感受通过视觉肌理和造型获得，而触觉是对事物客观属性的直接感知，即皮肤受到客观物体的刺激而引起的一种感受：坚硬与柔软、光滑与粗糙、干燥与潮湿、温暖与凉爽等。人们从视觉和触觉的感知中获取产品相关信息，形成对品牌的认知和态度（见图 5.33）。

图 5.33　依云矿泉水

另外，材料嗅觉元素的融入将为品牌营销时代带来变革，良好的嗅觉体验一直备受青睐，尤其是在食品包装领域。近年来，对材料的嗅觉体验也在积极探索，一些商家提取包装内部产品的气味，如面包、烤肉、咖啡、巧克力或水果味等，提取出的气味被融合在胶黏剂或涂料中，使整个包装都充满了诱人的味道。通过这样的方法可在产品和消费者之间建立起一定的联系。生产薯片的厂家还在产品的包装材料中加入薯片的味道，以防薯片串味。因此，若包装材料中吸纳了气味元素，并以此作为消费者体验的一部分，则正是现代包装材料的魅力。嗅觉元素的植入是品牌传播的发展趋势，如今，众多国际知名品牌都将嗅觉元素融入营销之中，量身定制香味，有效提升品牌的识别度。

### 3. 利于商品展示销售

商品的最终目的是销售，因此为货架张力而选择合适的包装材料也是考虑因素之一。包装材料可分为两大类：一是自然材料，如木、竹、藤等；二是人工材料，如塑料、玻璃、金属等。材料因本身所拥有的个性特征而传递着独特的视觉美感：自然材料质朴、典雅；人工材料精密、时尚。为了使材料的美感发挥独特的传播效应，材料的应用在满足产品功能性需求的前提下，可以大胆创新，在设计中充分挖掘材料的内在美和形式美，让材料的美感带动销售。如吉尔·斯图亚特（Jill Stuart）品牌的花钻香水，瓶盖采用独特的三朵水晶花设计，花中还镶有施华洛世奇水钻，很显然，这样的颜值会打动不少年轻女性消费者的心弦（如图 5.34 所示）。

在系列化包装设计中除了关注材料本身的美感，还要尽力运用同一材料提升品牌形象和价值，切勿使用过多的材料造成繁杂凌乱的局面。如始建于 1984 年美国的 Fossil 手表，其创造灵感来源于古典美式风格和前瞻思维设计，秉持着乐观、真实、创新的品牌理念。当黑尔同公司的创始人思考如何通过包装来传达品牌具有美国历史感的时候，激发了使用金属材料的灵感，采用了精致，甚至具有收藏性的包装方式——铁盒。"铁盒符合并强化了具有怀旧的美国主题。"黑尔解释说。因此，Fossil 手表铁盒包装不仅以特有的美感表达了"怀旧"的主题，也成为 Fossil 辨识度很高的品牌元素，迄今为止已经有数千种不同的铁盒包装，其包装甚至成为世界各地的个人收藏品（见图 5.35）。

世界经济的日益发展对包装的需求不断增大，包装材料的使用量也逐渐增多，资源与能源的短缺、生态环境的危机，以及人口增长的忧患，都迫切要求人类实施可持续发展战略。因此，选择环保性的包装材料、减少材料的使用数量也是设计师同样应尽的职责。

图 5.34    吉尔·斯图亚特（Jill Stuart）

图 5.35    Fossil 手表

# 5.3    系列化包装结构设计

包装结构主要是指与包装相关的各部分之间的关系，结构是构成包装形态的一个重要因素，即使一个简单的包装，也有它一定的结构形式。系列化包装结构设计是按一定的造型和设计要求，选定包装材料及相关的辅料，并以一定的技术方法、设计原则对一组包装容器构造进行的优化设计。因此，更加侧重技术性、物理性的使用效应。

包装造型设计、包装材料设计和包装结构设计是相辅相成的。材料是造型与结构的媒介，造型是结构组合的表现，结构是实现造型的方式。包装的结构设计不是孤立的，它必须与材料、造型设计相互协调。它们之间的关系就如同建筑中的外观造型必须受框架结构所制约一样，非机能产生的形态便违反了有机建筑的理想。不同的产品功能，不同的包装材料和形态，必然导致不同结构形式。因此结构既是功能的承担者，又是形态的承担者。

## 5.3.1    包装结构的功能性要素

包装结构设计包括固定式与活动式两类。固定式指造型部位或材料之间的相互扣合、镶嵌、黏接等组合形式，以富有变化和极其巧妙的特点来表达结构设计的技术美和形式美。活动式主要指容器的盖部结构、容器内衬结构等。总之，结构设计是要解决包装整体结构中各个组成部分相互之间与整体结构之间的关系。包装结构的功能性主要体现在对产品的保护、使用的宜人、开启的便利以及产品的展示等方面（见图 5.36）。

图 5.36    Eric Emanuel x adidas

### 1. 保护性

每件产品均有各自的性质、形状和重量，还要经过一系列流通渠道，如包装、装卸、运输、储存和销售一系列过程，才能到达客户或消费者手中。因此，在进行包装结构设计时，应特别重视包装结构对产品所起的保护作用。容器结构设计应针对这些不利因素采取各种措施，如强度是否达标、封口是否合理、抗阻是否有效等。具体来说它涉及缓冲减震设计、保鲜防腐设计、防潮防水设计、防锈封闭设计、防紫外线防辐射设计、抗静电设计、防生物污染设计、高阻隔性设计、防偷盗防伪设计等，以便安全地完成储存、运输，最终达到销售的目的。

### 2. 宜人性

"给所有人造物以美、舒适、安全的设计，是世界上所有领域的公分母。"日本优秀设计师、1998—2000 年度审查委员长中西元男这样说。一个优良的包装容器结构设计应符合力学要求，从拉、按、拧、盖等结构上力求最大限度地满足人体功能的需求，即应具有一定的宜人性。常言"以人为本"，即设计理念以人性的需求为衡量一切外部事物的基本标准。如在容器的瓶盖周边设计一些凸起的点或线条，可以增加摩擦力以便于开启（见图5.37）；喷雾式盖只需稍稍用力按压便能使液体喷出。事实上，一些看似小小的结构处理，如果能应用人机工效学的理论，在结构设计上体现人性化，如增加一个提携带，则不仅使包装变得方便实用，还会直接影响到人们的生活方式，增加轻松、愉快的情绪。

视频 4：俄罗斯沐浴露包装

视频 5：暖心的瓶盖设计

图 5.37　瓶盖设计

### 3. 便利性

设计不仅是一种服务，而且是企业在众多竞争者当中求生的一个关键因素，创新设计战略就是增长的基石。包装结构设计不仅仅是为技术而技术，而是要具有颠覆性的观念，并运用技术为消费者服务。

　　便利性的包装结构设计能给企业带来巨大的商业利益，很多结构设计在便利性方面的创新，往往对销售起到很大促进作用。例如，拉链式塑料袋、脚扣式纸盒、药片铝箔包装和金属铝易拉罐等都是吸引消费者的亮点。设计师要善于发现问题，寻求创新思路，发展概念构想和个性化的设计优势，寻找可供优化的设计突破点，使包装的结构更加符合产品的功能性要求，同时更好地予以受众新体验、新感受。

　　4. 展示性

　　包装除了保护产品之外，同时还担当起品牌推广、促进销售的作用。为了激发消费者的购买欲望，让受众关注和喜欢自己无疑是不错的选择。展示包装主要起到展示商品的作用，包装既要在运输中保护商品，又要在陈列时方便展示，对包装的结构要求更为苛刻。一般来说，POP（Point Of Purchase Advertising）包装、悬挂式包装、开窗式包装均运用了展示结构（见图 5.38）。尤其是 POP 包装，利用产品包装盒盖或盒身部分进行特定结构形式的视觉传达设计，起到销售现场直接对顾客施加影响的促销作用，是非常经济、有效的现场广告。展示结构多应用于食品、玩具、文体用品、化妆品、日用品、小家电等产品的包装。

图 5.38　百事可乐包装

## 5.3.2　包装结构设计原则

　　包装结构是基于包装科学原理，根据产品特性、使用特点、容器形态以及受众需求，运用不同的包装材质，给予包装产品有形的保护。包装结构设计需遵循以下原则。

　　1. 科学合理

　　在产品的结构设计上，首先要遵循科学、合理的原则。包装结构设计从包装的保护性、便利性等基本功能出发，应该用正确的设计方法、合适的包装材料，同时充分考虑结构与材料、机械、工艺的结合渗透，使设计标准化、系列化和通用化，适应批量机械化生产。

　　包装结构应尽量实现人性化，使其便于使用、开启和重封。设计时充分应用人体工程学原理，即在本质上减少人使用包装时的不适或疲劳感，结构设计要尽可能地适应人的行为，通过人体尺寸以及生理行为特征指导包装结构设计，使人们在运输产品时承载更少重量。销售包装重点考虑人手的自然结构，如不易携带的大件商品，包装结构可以采用提携式，达到手物一体的自然状态（见图 5.39），方便消费者携带。人性化设计还需要了解受众心理特征，以巧妙、有趣的结构设计方便消费者轻松使用和获得舒适体验。

视频 6：爱茉莉
睡眠面膜包装

图 5.39　南瓜炖鱼包装设计

　　包装结构的科学合理性原则需要考虑产品储运和使用的可靠，如抗压性、防摔性等；采用不同材料和成形方式对应包装的内外部结构设计，它们关系到产品能否安全到达消费者手中。针对塑料容器的结构设计，除了增加合理的加强筋，还要避免过多的转角、棱角和平面转折。所有部位的角度，尽量设计成倒角或圆角，过渡处采用圆弧（见图 5.40）；瓶体与瓶肩接合部位，尽可能采用较大的弯曲半径；瓶身与瓶底转折处应采用大曲率转弯，这样，瓶底有利于传递垂直载荷，增加受力强度。

　　此外，结构设计必须尊重材料特性和工艺的适配性。例如，塑料包装容器上的文字、符号与花纹多采取两种形式：凸字、凹字。其要求是：凸出高度不小于 0.2 mm，宽度不小于 0.3 mm，一般以 0.8 mm 为宜；两线间距不少于 0.4 mm；凹凸字边框可比文字字体高出 0.3 mm 以上；字体和符号的脱模斜度大于 10°。当然，这些受限数字伴随着 3D 打印的普及在不断改变，并将随着材料和技术的进步而同步发展。

图 5.40　多啦 A 梦沐浴露 & 洗发露

### 2. 安全达标

包装标准是包装安全达标、质量优良的保证，是实现包装生产标准化、高效化的基础，应受到设计师的关注和重视。设计时，可优先选用按标准生产的材料，优先选用相关标准定值或推荐值，优先选用标准推荐的形态和局部结构，利用规范的性能、质量，保证所设计容器的功能、强度和质量，实现预计的包装效果。这样也可使同类产品具有互换性，适于现时同类产品的生产，减少新增投入，方便流通储存。

为保证内装物在包装产品经过一系列的装卸、运输、仓储、陈列、销售流程后始终保持安全，直至消费者在有效期限内启用或使用时不被破坏。包装既包括对内装物的保护，也包括对包装自身的保护，即包装结构设计应具有足够的强度、刚度和稳定性，在流通过程中能承受住外界各种因素的作用和影响。

包装的保护性功能结构按层次分类，大体上可分为两种：一种是外部保护性结构，另一种是内部保护性结构。两种保护性结构在功能分配上较为不同，从保护对象上来说，外部保护性结构是保护内装产品和内部保护性结构不受外界主客观因素的影响和损耗，方便储运和堆码（见图 5.41）；内部保护性结构则是直接与产品接触的，需利用巧妙的结构设计将产品固定，使其在内包装的保护下不受外部冲击而肆意摇晃。如纸包装采取间壁式结构以及附加内衬进行空间分隔，可以起到防止刮擦、冲撞及潮湿的目的，有效抑制产品相互间碰撞乃至损坏。内外部保护性结构从保护关系上来说，不仅仅只针对内包装产品，还科学地解决了内包装产品盖部与容器主体的契合关系、内包装产品与内包装结构之间的适配关系、包装结构系统与外界环境的阻隔关系（见图 5.42）。

图 5.41　ADDA 集装箱鞋盒

图 5.42　Boon_Bariq 果酱

此外，设计师应时刻树立保护消费者的观念，对于易污染的产品应采取特殊的结构设计；对于弱势人群要采取保护性结构措施，尤其是儿童使用的产品，更应该安全处理好包装结构。如儿童药品包装盖采用障碍式设计的瓶盖，开启这种盖子需要在旋转瓶盖的同时按压瓶盖，这样可以防止因儿童擅自开启瓶盖而产生的意外。

### 3. 经济高效

21 世纪的消费市场早已出现多元化的经济格局，所有的资本运作者都在追求利益的最大化。由于结构设计离不开对材料的选择和新技术的利用，因此包装结构设计还须考虑经济性原则，力求最大限度地降低成本。根据产品性能及材料特性选择使用的包装材料，如果所选材料具有标准规范所确定的性能规格和质量要求，便能够确保所设计的容器结构的性能、质量达到设计要求，实现包装的预期效果。目前，越来越多的复合材料、环保材料以及新型包装工艺、技术被运用到包装结构当中，为包装结构设计注入了新的元素。出于创新及个性化需要，也可以尝试选择非标准材料或一些新型材料。

此外，系列化包装结构还要尽可能做到一致性，减少包装容器型号，即最大限度地利用同一结构减少模具开发成本，确保低成本、高效率。在保证经济高效的同时需要结构创新，从单一的结构功能向多功能结构发展。如纸制品包装中的一纸成形结构，由一张纸板所制成的可折叠纸盒，便是包装结构设计史上的一场革命。其巧妙的结构设计，不仅降低了耗材成本，也降低了运输、仓储等流通成本，是包装结构设计中以经济性为原则的典范（见图 5.43）。

视频 7：一纸成形
仿生设计

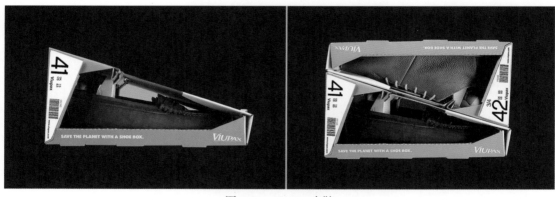

图 5.43　Viupax 皮鞋

结构设计的基本功能除了保护、便利等条件外，还应从多样性、多功能、多趣味和绿色环保等方向思考，用新材料代替旧材料，用廉价材料代替昂贵材料，实现节约材料、降低能耗所形成的效益。增强产品对于包装结构的适应性，为企业创造更大的价值利益。

### 4. 低碳环保

在人—包装—产品—环境的包装系统中，环保性也是反映现代包装功能的标志之一，国际社会越来越注意到包装能够减轻污染和制造污染的双重作用，在经济上走可持续发展的道路，而节约资源、保护环境是可持续发展的关键保证。

绿色包装又称无公害包装或生态包装，能重复使用和再生利用。包装结构对于包装的减量化、资源化和无害化能够发挥重要作用。一个结构设计方案，首先在选材、耗材方面尽量合理，同时在材料的选择上也要讲究废弃后的易处理、易回收、易再生等。在设计上最大限度地节约用材，尽可能降低生产成本，让包装结构和人之间建立起和谐共生的发展理念。其次要针对所选择的材料进行结构的力学分析，使之能有效地保护产品。包装结构设计的好坏，直接影响到包装的强度、刚度及稳定性，它是进行包装造型设计及视觉传达设计的基础，也是体现品牌理念的根本。

在现代商品流通领域，系列化包装形态是信息的载体，它能使商品的材质、结构、内涵等本质因素上升为外在表象因素，是包装最直观的表现形式。包装只有借助于外部形态，发挥自身的传达功能，才能成为受众的认知对象。包装形态不仅仅是传递一种视觉感受，它还承载着品牌价值体验，在商品与消费者的交互过程中，达到促销目的。设计师应用理性的逻辑思维来引导感性的形象思维，借助一定的材料，利用合理的结构以及造型技巧来进行包装形态设计，以此获得系列化包装形态设计的最佳解决方案。

# 第 6 章

# 系列化包装设计的发展与创新

信息时代是一个多元、多变的时代，也是一个新消费时代，更是科技与物质如夜空烈焰般闪烁的时代。市场消费环境的日新月异促使包装设计和营销模式不断创新，包装的作用已不仅仅是保护、销售商品，包装设计也无法仅停留在视觉表达、结构设计的层面。在互联网自媒体时代，现代包装系统设计的元素机能结构发生了很大改变，唯发展和创新才能赋予系列化包装以灵魂。

## 6.1 系列化包装整合创新设计

知名品牌的成功经验告诉我们，竞争格局在变，战略决策需变，对包装设计的内涵理解也必须与时俱进地踏入全局性、战略性高度。系列化包装不仅是随着销售模式转变应运而生的包装形式，也是一种不断创新的营销工具。今天的包装设计拓展了战术层面的传统设计观念，把设计高屋建瓴式地延伸到了对原料采集、生产组织、销售模式、服务模式、终端选择、品牌建设等一系列问题的战略决策。我们需要在产品系列构建初始将品牌规划和系列化包装进行整合创新，以期获得品牌溢价和企业总盈利的平稳增长。

### 6.1.1 品牌规划与设计策划

艺术家莫霍利·纳吉曾指出："设计并不是对制品表面的装饰，而是以某一目的为基础，将社会的、人类的、经济的、技术的、艺术的、心理的多种因素综合起来，使其纳入工业生产的轨道，对制品的这种构思和计划即设计。"品牌规划与设计策划是系列化包装整合创新设计的前提。如今，许多公司已将"品牌设计"提升至企业的战略层次，设计总监往往同时兼任企业副总裁，从制度上保障了设计的优先执行力。

品牌规划是建立以塑造强势品牌为核心的企业战略，其核心在于建立与众不同的品牌识别，为品牌建设制定目标、方向、原则与指导策略。设计策划就是在品牌规划和营销传播策略的指导下，根据品牌定位和品牌愿景等方面的要求，以提升品牌价值和维护品牌形象的目的为出发点，制订同类产品的包装设计计划及拟达到的效果。对于设计者来说，品牌规划在设计过程中起着理论指导的作用，设计策划在实施过程中发挥基准的效能。

品牌规划与设计策划的目的是明确将要传递给目标消费群的内容，包括外观形象和内在感受。大部分的目标来自品牌核心基础、特点、信息属性，比如：充满活力的、自信的、传统而经典的、优雅而有品味的等。一个有前瞻性的设计目标，往往包括基本设计和延展设计两大模块。

系列化包装设计包含两方面的内容：一是包装关于品牌的注释，包括产品定位、产品价值、产品个性等，即在包装中体现品牌的核心价值。系列化包装常常只针对一类产品和它的目标消费群，过多、过杂的设计理念会缺乏设计的表达重点，分散消费者的关注点，无法传达产品的核心价值。二是包装设计的方法，包括设计概念、设计风格、设计禁忌、设计手段、设计技巧等，设计策划除了要强调包装的品牌特征，还要有创新的理念和个性化表达。

许多知名品牌的系列化包装往往是一项延展性设计，它重在品牌扩张或产品延伸时包装设计应达到的预期效果，如产品系列化包装再设计等。包括标志、色彩和辅助图形等在内的基本设计元素必须具有可延展的设计空间。这项任务不仅对产品包装的未来设计提供了依据，还可以及时发现基本设计的不足和修正设计的缺陷，以便调整设计方案，明确设计目标。

高丝（KOSE）是日本著名化妆品品牌，自2010年以来，高丝旗下高端品牌黛珂（Cosme Decorte）的新护肤产品线"AQMW"就一直与来自荷兰阿姆斯特丹的国际著名设计师马塞尔·万德斯（Marcel Wanders）进行合作。黛珂在上市40年之际重新设定了品牌识别，并提出了新锐的价值观"普遍的高雅"，这也正是AQMW品牌的世界观。延伸的设计体系中加入了艺术要素，以细胞层面促进肌肤生命力的五种构成成分为基本图案，并以此组合重复铺列成浮雕风格的平面，纤细优雅的设计风格反映了耀眼的产品美白效果（见图6.1）。这个基因在黛珂的产品包装和柜台设计中还作为背景使用，准确表现了黛珂统一的品牌价值和世界观（见图6.2）。

图 6.1　黛珂 AQ 系列

图 6.2　黛珂店面

自 2011 年以来，黛珂每年 12 月都会推出 Marcel Wanders Collection 永恒祈愿限定蜜粉，也被当作是圣诞限定款，每款包装设计都美得惊艳。2019年的主题为 "The Story of Celestial Nymphs"（幻夜女神），设计上采用了天空的世界、变成星星的女神的图案元素（见图 6.3）。2020 年的主题为 "The Eternal Blossom"（繁花似锦），包装采用始终盛放的 10 种不同花束图案做装饰（见图 6.4），寓意着这个系列诞生了 10 周年，持续的延展性设计使之成为值得典藏的珍品，更使品牌得到消费者的钟爱。

品牌规划是建立相对稳定、统一的品牌认知过程，能指导系列化包装设计及延展设计。设计策划在品牌规划的指引下应把产品定位、产品命名、包装设计、广告设计、专卖店的形象设计，甚至产品及包装的可循环设计作为一个系统思考。树立品牌在消费者心目中的地位和美誉度，建立品牌与消费者长期有效的密切关系，达到品牌传播和产品营销的目的。

图 6.3　2019 年"幻夜女神"主题彩妆　　　　图 6.4　2020 年"似锦繁花"主题彩妆

### 6.1.2　整合包装设计理念

整合包装设计是一种面向市场竞争优势的设计，是基于用户需求的设计。整合设计理论最早是由 Integral Design 国际设计学院的创立人和常任董事、德国斯图加特国立视觉艺术大学教授乔治·特奥多雷斯库（George Teodorescu）创立的。按照他的定义，整合包装设计就是：依据对产品问题的认识、分析、判断，针对人类生活质量与社会责任，就市场的独特创新与领导性，对产品整体设计问题提出新颖独特的实际解决方法。整合包装设计的英文名称是 "Integral Design"，因此，我国设计界将"整合包装设计"又称为"整体设计"。

整合包装设计的概念起源于"整合营销传播（Integrated Marketing Communications，IMC）"。IMC 概念最初是在 20 世纪 80 年代末期美国首先被提出来的。在中国，IMC 被界定在广告及传播的范畴，实际上 IMC 的实质在于更彻底地转向消费者导向。从这个意义上看，"整合包装设计"就是"整合营销传播"理论的应用或延伸，也是市场需求的必然。

整合包装设计即推动产业升级，应对技术、商业和人文的相关因素进行包装整合构思，而不是在整个产业链中的销售环节孤立地"设计"。系列产品开发整体平台的设计不但起到降低成本的作用，更发挥了企业的科研优势，使符合美学原理的所谓设计创新与市场建立起必然的联系，产业链的构建和高效整合的能力才是企业发展的永动机。从行业动向来看，整合包装设计也可被看作整合资源，包括整合"线上线下"资源、整合科技资源等。设计也不再只是针对物化的产品进行设计，而是需要将设计服务延伸至包括服务模式、交互形式、协作方式、管理模式、营销模式等，所有这些和产品及经验相关的环节都需要设计。设计、制造、服务一体化已是包装业发展的大趋势。

整合包装设计是一个系统过程，是对其所涉及的各个环节作为一个整体系统考虑，把研究和处理的产品及包装看作一个系统，分析系统结构和功能，各要素之间、各要素与社会、群体、个体、环境的相互联系及依赖关系。在这个过程中所折射出的以人为本的核心理念，也恰是设计的人文本质和应该履行的职能。整合包装设计的目的是放大产品的价值，以更高的"性价比"区别竞争商品（见图 6.5）。

图 6.5　DIOR 迪奥花秘瑰萃系列

### 6.1.3　整合包装设计策略

#### 1. 系统性策略

整合包装设计与传统或单项的包装视觉设计、容器设计或结构设计等相比，更加强调设计的系统性和过程性，它是针对一个品牌塑造过程的整合性设计流程。在进行包装设计时，除了需要考虑包装对产品的保护、销售之外，还要考虑包装生产、品牌传播、受众使用等过程中的相互关联以及整体价值。

整合包装设计的核心在于系统性，是基于现代营销理念将企业品牌形象塑造与产品包装设计的创新融为一体。以"整合包装设计"为中心的系统性策略，是将包装设计前期的市场调研、设计方案、设计草图、材料选择、结构创新、样品制作、物流运输以及市场营销策划、品牌推广，甚至包装废弃物处理等一系列过程进行整体把握，形成系统性包装解决方案。系统性策略既关注宏观的整体把控，又重视微观的分类处理，各组成部分相互协调、功能互补，乃至在"设计—生产—消费"整个系统过程中都持有全新的设计理念和具体要求。

整合包装设计需应用高科技技术和成果，围绕产品开发、市场营销等方面进行设计创新，从根本上解决包装设计生命周期的整体问题，形成一个充分整合的系统力量，使销售包装产品更具有核心竞争力（见图 6.6）。

图 6.6　飞利浦剃须刀

#### 2. 跨界联名策略

　　整合包装设计重在整合优质资源。时下不少企业强强联手实施跨界联名，即通过与不同领域的商家，或无商业竞争关系的两个品牌之间的异业合作，为拓展更大的传播群体，共享更多的市场资源而采取的商业营销模式。这种新的基于整合营销中的思维模式几乎适用于任何商家和行业，跨界联名正在成为越来越多的具有远见商家的共识。

　　跨界合作基于资源赋能的前提下，绝不仅仅针对产品而言，更多地在客户资源共享上能够为双方形成一个以产品为核心的闭环系统，与客户形成黏性，由此带来更多的销售机会。跨界联名基于融合各自优势，使双方的消费者产生交集，现已成为品牌与年轻消费者互动、品牌之间互利共赢的有效手段（见图 6.7）。包装在此充当重要的媒介，将联名品牌的文案、图形等视觉元素组合，让旧元素以新方式融入设计，形成令年轻消费群体崇尚的新品（见图 6.8）。

图 6.7　大白兔 & 美加净　　　　　　　图 6.8　大白兔 & 气味图书馆

　　在跨界联名的品牌中，尤其是食品、化妆品行业与二次元的联合非常盛行，产品通过包装搭载二次元 IP 形象建立情感链接。不少品牌借助动漫形象抢占了在消费者心智、场景中的认知，而消费者也能从这些合作中体验到品牌对潮流的感知、对消费者的态度。例如，M·A·C 几乎每个季度都会与时尚、艺术和潮流文化领域中的知名人士或企业跨界合作，推出限量款彩妆，并屡获佳绩。2019 年与王者荣耀里五位高人气女英雄、火箭少女 101 组合五位成员合作，推出了 5 支限定口红，产品除了维持一贯的专业彩妆品质之外还有各种艺术感的包装，渐变色子弹头的包装设计使产品脱颖而出（见图 6.9）。M·A·C 对信息资源实行统一配置，甚至将店铺视觉系统与包装一起变换，以增强品牌诉求的一致性和完整性，是跨界联名的典范品牌。

　　跨界联名是靠洞察力和前瞻力斩获商机的，既要控制各项运营成本，又要提升自身品牌形象，还需善于整合使用各种载体，以达到最有效的传播影响力。

图 6.9　M·A·C× 王者荣耀联名口红

### 3. 可持续发展策略

　　"可持续发展"是当今时代的热门话题，对于推进社会与环境的可持续发展，包装业有着义不容辞的责任。根据包装业的现状，包装物垃圾的堆积、污染与浪费已经严重影响人类的生态环境和赖以生存的资源。因此，"可持续发展"已经成为全世界包装行业研究及推行的目标。虽然目前我国对可持续包装还只是停留在研究开发和试验推广阶段，但是随着经济和社会的发展，可持续包装必然会成为关注热点。

　　2003 年，美国可持续性包装联盟（Sustainable Packaging Coalition，SPC）正式成立，并确定"可持续性包装"的概念：在包装设计中考虑优化材料和能源；取材合理；包装性能和成本达到市场标准要求；在包装制造、运输和再循环过程中使用再生能源，最大限度地使用可再生和可再循环材料；高效率的循环回收，为再生产品提供有价值的原料；在包装生命周期内对个体和团体有益，可以保证安全和健康。"可持续性包装"概念确定了包装设计的方向，为设计师构建环境友好型包装提供了依据。可持续性包装 80% 是由设计阶段决定的，在包装设计阶段考虑其整个生命周期，可以预测包装可能造成的影响，提前避免问题的产生。正因如此，依据可持续包装设计原则执行设计任务，是促进资源节约和环境保护的有效途径。

　　对包装材料的选择是设计阶段所应把握的关键，基于"从哪里来，到哪里去"的原则，可持续性系列化包装设计要尽可能使用循环再生材料。可持续包装设计还要积极开发和使用植物纤维包装材料，选用单一包装材料可以节省回收与分离时间，使废弃物得到最大限度的控制和利用（见图 6.10）。巧妙的包装结构设计也是可持续系列化包装设计的关键。其中，在满足保护产品基本功能的前提下，以减量为原则的包装结构设计就是最有效的途径。可持续包装设计还应该体现尊重他人和自然的道德伦理观，远离哗众取宠、舍弃繁缛华丽的元素堆砌，回归本性，趋同自然，呈现一种积极向上、淳朴自然的设计语言。用设计传达隐而不显的简约美，以极简主义的包装形象形成新的设计美学观（见图 6.11）。在物欲横流的今天，以简约的设计元素隐喻最丰富的设计内涵，是当代设计伦理与设计道德的回归，是一种更为合理与健康的审美体现。

　　如今，生态设计唤起了人类内心深处的共鸣，唤醒了人们对可持续发展的思考。人们对设计的认识已不仅仅局限于设计是艺术与美学的一种实践行为，而是联系着人与人、人与社会、人与自然环境、人与道德之间的技术媒介。人类只是自然环境中的一部分，维护自然生态的循环是维护人类自身生存的前提，只有把经济发展变成地球生态循环的一部分，这种发展才可能持续久远。可持续包装设计是每个设计师的义务，更是一种责任和使命。

图 6.10　Toten 鸡蛋

图 6.11　AH 面食

## 6.2　系列化包装情感化设计

　　包装是商品与用户之间沟通的桥梁，是满足受众物质与精神需求的载体。随着经济的发展，物质的充裕，"情感化设计"应运而生。"情感设计"的理念最初由美国认知心理学家唐纳德·诺曼（Danald Arthur Norman）提出。他在《情感化设计》一书中说："设计一个产品的时候，设计师需要考虑很多因素：材料的选用，生产的工艺，产品的市场定位、成本和实用性，以及理解和使用该产品的难易程度等。但很多人都没有意识到，在产品设计和投入使用方面还存在一个重要的情感要素。"诺曼的这一理念揭示了设计的情感要素也许比实用要素更为关键。

　　人的体验是通过感官而进行的心理活动，设计师应充分考虑人潜意识中的本我、自我的情感需求。系列化包装通过各种视觉元素的表现以及材料的运用等方法，将情感融入包装之中，在消费者欣赏、认购、使用的过程中激发人们的联想，产生共鸣，获得精神上的愉悦和情感上的满足。总而言之，情感化设计的最终目标是在产品和消费者之间建立一种和谐关系，实现"人与物"的高度统一。

### 6.2.1　包装设计中的情感表达

品牌之所以能备受追捧、获得溢价，非常重要的一点就在于它能带给消费者情感享受、情感认同和情感归属，通过这种情感诉求提升品牌的用户体验。可口可乐前总裁唐纳德·基奥（Donald R. Keough）说过："你不会发现任何一种国际品牌不包含一种伟大的人类情感。"因为人们已经不再满足于单纯的物质需求，人的需求正向情感互动层面的方向发展。品牌商往往会把为用户提供最佳体验与情感联络视为企业第一目标，由此带来的用户黏度与品牌忠诚度便成为企业利润的保证。具体来说，包装设计中的情感表达重在以下几个方面。

### 1. 传递愉悦性

情感是人对外界事物作用于自身时的一种生理的反应，是由需求和期望决定的。当这种需求和期望获得满足，人便会产生愉悦情感，反之则是厌恶和反感。对视觉愉悦的追求是人类生活亘古不变的行为。包装设计的视觉愉悦性是情感沟通的关键，包装的实用功能不再是设计的重点，相反审美功能随消费形态的个性化、分众化变得更加重要。消费者对包装的要求不再局限于基本的商品保护和品牌信息传达，更多地体现在个体情感体验、美感的满足（见图6.12）。正如现代营销学之父菲力普·科特勒所言："包装设计中的情感诉求是指通过极富人情味的平面图形及色彩等多种表现形式，满足、适应消费者的心理需求，激发消费者情绪、情感，进而使之萌发购买动机，实现购买的行为。"

产品的包装设计，除了给消费者视觉性的愉悦之外，嗅觉、触觉甚至听觉都能带给消费者情感体验。设计师若能以充满激情和热情的状态投入设计，按照消费者的审美需求组织视觉传达要素，提供一系列富有情趣的视觉形象，或者满足其嗅觉、触觉等感官的愉悦，必然能将快乐传递给消费者。创立于1811年的巴黎之花香槟酒庄（Champagne Perrier-Jouet）是世界闻名的品牌，毕业于知名艺术学院的艾米里·加利（Emile Galle）是一位新型艺术时期的玻璃制作人，1902年，他为巴黎之花绘制了4个大瓶装的香槟瓶，瓶身雕绘有白色银莲花和金色玫瑰藤蔓的图案，堪称举世杰作。1969年，历经半个多世纪的研究，巴黎之花酒庄终将艾米里·加利的杰作设计到了瓶身上，成为巴黎之花香槟酒庄历史性的转折点，该包装无论从哪一方面看都令人赏心悦目（见图6.13）。

图6.12　泰国柚

图6.13　法国巴黎之花美丽时光年份香槟

### 2. 倡导舒适性

如果说包装的愉悦性重在满足消费者的心理需求，那么舒适性更多体现在满足人们物质层次的需要。包装所传递的愉悦性使人们乐于接受商品，舒适性的体验将加深消费者对商品的信赖。包装的舒适性主要体现在包装材料的运用以及结构的适用性上（见图 6.14）。

图 6.14　Apollo 阿波罗品牌

包装材料直接影响着人们使用的舒适性。使用舒适性是由人的知觉系统从材料表面得出的信息，或者人的感觉系统对材料表面特性的综合反映，包括触觉质感和视觉质感。材料表面的硬度、密度、黏度、湿度等物理属性，既能够让人获得细腻、光洁、柔软、凉爽等舒适体验，又能够让人产生粗糙、生硬、湿润、黏连等不快感受。所以，设计师对材料特性的熟悉和把握，是体现包装舒适的关键。

若消费者在包装的使用过程中产生消极和沮丧情绪，则往往是由结构因素所造成的。因此，设计要注重对消费者的体贴和关爱。结构设计的舒适性是运用人体工学，为消费者运输、开启包装等提供方便，最大限度地满足人们的行为方式，使人们与产品之间的关系更加融洽。

### 3. 传播文化性

随着市场经济的加速发展，文化对消费者情感的影响日趋重要。文化涉及人们的审美情趣、生活方式和宗教信仰，影响着人们的认知和评判。提高包装设计的文化性，能够使人产生亲切、怀旧、温馨、信任等诸多情感，从而引起心灵上的共鸣与情感认同（见图 6.15）。民族性的情感需求和地域性的情感需求是经过长期历史沉淀在特定人群中，逐步形成的心理定势和情感定势。每个民族独特的生活方式和生活环境造就了不同的消费需求与情感认知，它使不同国家和地区的人们表现出不同的审美趣味（见图 6.16）。商品包装不能被看作僵化的、固定的模式化设计，而应该最大限度地满足和发掘多元文化下的各种情感需求，即将消费者在成长期所经受的特定文化进行分析，总结出行为规律。

图 6.15　上海女人雪花膏

图 6.16　NEMAN'S OWN 酱料

随着中国经济的崛起，传统文化的回归以及大众对传统文化的强烈认同，"国潮"伴随民族自信心而蔚然成风。所谓国潮，"国"即是中国传统文化，"潮"代表时代潮流精神。"国潮"以品牌为载体，以文化为语言，近年来在时尚界、娱乐界悄然兴起，一向对流行、文化极为敏感的包装业纷纷响应，在系列化包装设计或作为跨界的营销手段被广泛应用。

中华几千年的传统文化，每个朝代和流派都具有鲜明特色，都有取之不尽的文化宝藏。"国潮"代表着传统文化赋予国货复兴的生命力，是建立在对传统文化、消费者以及品牌的深刻理解上的。中国品牌基于自身定位和产品特点应对传统文化创新利用，既需要传承，更要强调创意，杜绝简单复制和跟风模仿。"国潮"应用于包装设计，首先从品牌规划出发，以符合品牌的理念及发展为前提；此外，要了解中国文化及传统符号的含义，在"国"的深层意蕴中吸收养分，并结合时代的精神风貌，将品牌价值、文化表达、美学观念通过包装设计创新，产生基于民族精神和审美情绪的情感共鸣，使品牌和产品焕发生机与活力，向消费者传递中华文化的自信和魅力（见图 6.17）。

图 6.17　故宫箸福礼

人类的进步加速了文化的发展与沟通，不同文化的相互碰撞与融合还需要设计师具备开放的设计观。在我们民族原有的生活方式与外来的文化和生活方式对立、交流与整合过程中，既要传承本土文化，同时也要具备开放的情怀，尝试用国际现代设计语言表达文化的融会。文化的多样性是维持社会发展的动力，只有植根于本民族优秀文化的基础之上，同时不断吸收当代先进的设计思想、理念，才能形成具有民族特色的新型包装形态观和设计观。

### 6.2.2　包装设计中的用户体验

在激烈的市场竞争成为常态化的今天，用户需求从功能导向逐渐转为情感导向，消费者更加看重产品在购买和使用过程中的"感受与体验"，即它带给消费者的价值认同与情感联络，"体验"成为消费者选择产品时首要考虑的因素。基于用户体验，包装设计已发展为一种策略，置于体验营销体系之中，在包装的整合设计中发挥着重要作用。正如美国体验营销创始人伯恩德·施密特（Bernd H.Schmitt）所认为的："寻找体验的一个最显著的地方是产品的包装。"

### 1. 消费者为中心

唐纳德·诺曼曾将人们的认知和情感分为本能、行为和反思三个层面，简而言之就是品牌形象、使用的愉悦和效能以及自我的形象、满足和记忆。它们之间既相互依存，又相互对抗，这种作用或冲突成为包装设计作用于人们情感的重要支撑依据。品牌传播至今，可以从消费者的感官、情感、思维、行为、认同五个维度出发。依据参与的深度，体验可依次对应五个层次：感受体验、情感体验、思维体验、行为体验、认同体验。每一层体验越深入，品牌就越能获得认可。

现实生活中，商品所带来的视觉感官的感受往往最先左右消费者的情绪，那些具有良好视觉外观的商品包装通常更加吸引人们的注意力。很多消费者会为那些惊艳的外观所吸引，仅凭视觉刺激就能引发购买冲动。品牌的情感化不仅能通过视觉传达设计实现，也能通过包装的材质、形态、交互方式等设计元素激发用户的情感体验，因为使用的效能通常会和愉悦的感受联系在一起。如趣味性或可玩性（见图6.18）越来越吸引消费者的视线。在其他感官领域产生互动和激发人们兴致的设计更受青睐。

用户体验是所有产品环节的连接点，消费者在整个营销环节中有四种身份，分别是接受者、购买者、体验者、传播者。如何做好系列化包装设计的用户体验，是非常值得推敲的。因年龄、环境、文化、收入的差异性，会导致不同消费者有不同的审美情趣、情感诉求、价值取向等，品牌策划可以通过差异化定位，锁定一类用户群体的某种需求。设计师根据目标市场挖掘用户个性化的潜在需求，通过消费者需求来开展设计。品牌已悄然进入我们的生活，体验正成为一种新的品牌价值源泉不断创造美好生活。

图 6.18　互动果汁包装

## 2. 人性化为诉求

人性化作为一种设计理念，越来越受到企业的关注，具体体现在包装传递美感的同时能依据受众的生活习惯、使用方式，将包装设计得方便易用，既能满足消费者的功能诉求，又能满足消费者的心理需求。重视人文关怀，体现人人平等的概念。1974年，联合国提出了"无障碍设计（Barrier Free Design）"的主张。第二次世界大战后，美国最重要的设计师和设计理论家维克多·巴巴内克（Victor Papanek），于1984年出版了著作：《为真实的世界设计》（*Design for Human Scale*）。书中指出："大多数的设计是为住在先进国家的富裕中产阶级中的中年人而制作的，设计师们无视残疾人、贫困人、弱智者、幼儿、老年人、肥胖者和发展中国家的人们的存在。"提出设计不但要为健康人服务，同时还必须考虑为老、幼、残疾等人服务。

包装是产品设计的重要组成部分，与人们的日常生活紧密相连，因此，包装设计也应该重视人性化设计理念，包括无障碍设计和针对老幼消费者的关爱。2021年获得Pentawards包装设计大赛金奖的一组冷萃咖啡包装，是由西班牙的Supper工作室设计完成的。包装上简洁的盲文"This cold brew coffee is only for youenjoy it"，凸出的小圆点是温馨的告白（见图6.19）。

未来我们应以更高层次的理想和目标推动设计的发展与进步，为人类营造一个充满爱与关怀、切实保障弱势群体安全、方便的现代生活环境。

图6.19　冷萃咖啡

## 3. 互动性为表达

体验经济本身是一种开放式、互动性的经济，体验性设计建立在以消费者为中心，支持用户的参与。产品包装作为载体，应该给予消费者更互动、更独特的体验，使消费者能够展示自我价值。互动性的关键是相互参与，将人与人、人与物、人与环境有机地联系在一起。它主要的意义在于：包装与产品之间、包装与经销商之间、包装与消费者之间、包装与环境之间都能够形成良好的交互作用。例如，由俄罗斯设计师Neretin Stas所设计的化妆品牌"Naked"包装，创新的不规则瓶身个性有范，当触碰它时，被碰区域会刹那间泛起红晕。设计师利用感温变色涂料，让皮肤的温度促使涂料变色。通过这种人和产品的互动，既增加了产品的趣味性，又巧妙暗示了产品的温和（见图6.20）。

图 6.20　"Naked"的包装

如今，消费者不再仅仅是信息的接收者，他们拥有更大的选择自由和参与机会。互动的包装设计会引起消费者的兴趣，满足人们的参与感。要使包装产生强烈的体验，就必须使消费者沉浸于设计师所创造的情境之中，让他们去感知、去行动。要达到这一目标，体验设计就必须具有开放性，为消费者的参与创造条件，使他们便于参与其中，并乐于参与其中，完成自我表达和自我实现。

近年来，消费者被盲盒商品深深吸引。在我国，泡泡玛特（POP MART）公司于 2016 年将盲盒商品推向市场，掀起了一股"盲盒风"，甚至 2019 年在我国形成一种火爆的经济现象。盲盒是指消费者在不知道盒内商品款式的前提下随机购买，消费完成后才能拆开包装查看产品的消费模式。盲盒并非新兴的营销形式，日本早在 19 世纪明治时期就开创了体验形式相似的"福袋"营销，它是日本百货公司新年期间的一种促销手段。我国的盲盒产业伴随着自动贩卖机的出现及动漫产业的发展而兴盛，盲盒打造了独特的 IP 文化，与年轻受众建立起一道沟通的桥梁。

视频 1：盲盒包装

盲盒包装的特点是要体现对产品的隐匿性，既不能使用透明包装或半开放式包装，也不能在包装的外部标明盒内产品的款型。然而盲盒又需要体现一定的商品信息。因此，同一品牌系列化包装中不同单体的盲盒包装需要呈现统一的外观视觉效果，但不能暴露所包装的产品形象等信息。外包装可以通过结构设计增加互动性，使消费者通过随机购买获得"惊喜"。由于盲盒消费内容的不确定性，每次消费都如同抽奖，互动时的趣味性满足了人们好奇、求异的消费动机。如今盲盒产品的类型从食品玩具到文创产品，从潮流饰品到旅游纪念品，盲盒产品的包装随着"盲盒经济"模式的发展而不断演变。

视频 2：AR&包装

随着 5G 网络技术的到来，人类社会关系信息链条中的媒介社交由"人际交互"向"人机交互"纵向拓展，社会各类事物交相互联的新媒介生态已悄然形成。"90 后"的年轻受众从少儿时代就已经习惯通过数字化设备获得信息，通过社交网络进行网络活动，并通过电子商务平台进行购物。伴随着增强现实（AR）、虚拟现实（VR）技术的出现，产生了多元化的信息传递方式，"互联网 + 包装"使线上体验与线下体验一样能满足受众的交流与互动。

## 6.3　"互联网 +"智能包装

互联网时代是人类社会发展史上一次脱胎换骨的变革，科技的加速发展，使传播媒介、信息沟通方式等都发生巨大改变。在这样一个时代，生活形态和消费形态也发生了巨大的变化。自 20 世纪初，超级市场的普及逐渐改变了人们的消费形态，如今网络时代的到来，互联网又给人们的生活带来了新的体验。

在包装设计中整合丰富的电子、电气、机械、化学性能等功能，使包装在功能和外观设计上具备信息化和交互性，给包装赋予更多特殊性能，我们将之称为"智能包装"。人脑到电脑的飞跃为新观念的实现提供了便利，虚拟技术实现了人们对认知对象和生存环境的虚拟建构。智能包装通过新型包装材料的应用、包装材料结构的设计或者包装材料与互联网结合等制备而成。从智能包装的特点与属性来看，智能包装归属于多学科相互交叉的应用领域与范畴。奠定智能包装的主要学科有计算机科学、人工智能学、现代材料学、生物化学、物理学等等，这些领域的发展及其技术的创新，都对智能化包装的开发和应用起到良好的推动作用。设计师通过对新技术的运用，将以更丰富的创新思维从事"互联网+"智能包装设计，运用"科技之光"书写设计的历史。

### 6.3.1 智能包装创新方法

整合创新设计的最高层次是要建立品牌忠诚，品牌忠诚要靠整合使用各种载体。先进的营销模式和包装功能创新均是实现产品与消费者双向沟通的关键。

#### 1. 营销模式创新

"互联网+"智能包装创新绝不仅仅是技术手段的创新，更是管理模式、经营模式的创新。许多企业也越来越依靠设计师们设计那些能够引导高新技术的智能包装，只有积极拓展创新思路，提出整合营销模式经营创新理念，才能善用新的技术与包装结合。

随着传统包装业与信息技术、电子商务相互融合，网络营销给现代包装产业带来了新的机遇。伴随 O2O（Online To Offline，在线离线/线上到线下）商业模式横空出世，通过网购导购机，把互联网与实体店完美对接，已成为普遍的营销模式。借助网络营销的虚拟销售、交互式体验等特点，对包装设计流程进行重构，让智能包装技术变成数据收集的媒介，再进一步在不同品牌包装上为消费者购买过程提供更多交互的信息，这对处于成长期的中小型品牌商来说就是巨大的帮助。

在与品牌激烈的竞争中，品牌商始终把消费者体验和竞争差异化放在首位。O2O 包装定制应运而生，不仅为企业带来了新的盈利契机，也促使其经营模式朝着"定制化规模生产"和"服务型生产"转型。定制包装提供更丰富的人机交互通道与受众交互通道，以保障设计沟通的效率，精准把握客户需求。在目前互联网发展环境下，消费者可以通过二维码和 RFID 标签，用手机扫描登录相关网站，根据自身定制来改变包装形式及内容。在设计师提前预备的众多方案中，尤其是针对个性化产品以及礼品包装，使线上与线下包装形象产生差异。这种体验不拘泥于消费者对包装的被动使用，而是主动参与设计，使受众满足物质及情感的双重需求。包装定制需把握周期性、地域性及品种多样化特点。

2017 年天猫超级品牌日，天猫旗舰店推出一款酷炫的奥利奥音乐包装：只要把饼干放到"唱片槽"内，将开唱针拨到饼干正上方，就可以开启奥利奥音乐的播放模式。据悉 2 万份限量版"奥利奥音乐盒"在当日中午前就销售一空，成了食品界的人气明星。购买奥利奥音乐盒的用户，还可以为外包装定制 4 款填色插画，并通过时下流行的 AR 技术，再现消费者填在包装外盒的定制填色，只要音乐播放，相应的 AR 元素就会呈现消费者填充的颜色，达到定制 3D 动画的效果，全方位满足消费者的感官体验。奥利奥"互联网＋"智能包装的品牌特性，在激发受众购买欲的同时，也拓宽了品牌受众资源。

### 2. 包装功能创新

传统的包装功能除了保护功能就是便利功能。当包装与产品之间的概念模糊，营销模式改变，科学技术发展，设计师开始思考如何更好地处理技术与使用之间的关系，进行设计创新。设计创新的关键和核心是功能创新，这是因为产品的功能在实现产品价值和公司价值过程中起着方向性和战略性作用。智能包装功能创新战略旨在以整合优化新方案来开创新的战略性功能市场，它可能导致基于产品功能系统创新性重新配置（功能系统重建）、成本创新的产品差异和产业边界的明显变化，甚至改写行业的游戏规则。通过功能重组和载体转换，原来由产业提供商业化产品或服务的功能，也可以全部或局部改为顾客自行完成。

包装功能创新包括改进包装结构和材料，结合 3D 打印技术，实现产品包装及其附属功能改善。包装需求的本质就是功能需求，市场的本质就是功能市场。智能包装的功能创新在企业竞争战略上的意义是不言而喻的。

### 6.3.2　智能包装实现途径

借助各种创新技术手段，目前智能包装的实现途径主要依靠以下三个方面：信息型智能包装、功能结构型智能包装、功能材料型智能包装。

#### 1. 信息型智能包装

信息型智能包装的主要代表是以电子技术为核心，结合印刷技术、传感技术等打造的包装数字化技术。它不需要改变包装结构或应用新型包装材料，主要是利用电子信息技术、物理、通信等技术，在包装外部或表面增加条形码、二维码、RFID 标签及 TTI 标签，这种包装所能反映的信息不仅包括商品本身的特性等固有信息，更含有流通过程中产品各项指数变化等实时信息，并借助包装信息数据管理系统实现产品存储、运输、销售、回收等全过程管理（见图 6.21）。信息型智能包装在互联网包装中具有非常重要的地位。

许多消费者都倾向于关注产品的可追溯性及供应链安全，信息型智能包装技术可以为消费者解决担忧。例如，荷兰橙汁零售商 Albert Heijn 在其自有品牌包装箱上印制了定制二维码，通过包装上的二维码，顾客可以看到果汁到达货架的路线，其完整的可追溯性为消费者提供了产业链的透明性。消费者直接扫描并现场体验橙汁的可追溯性交互，包含橙子本身的信息，比如采摘时间和甜度。顾客能够清晰地知道当前饮用的橙汁是何时到店的、如何进行加工的，以及种植地与成熟时间都一目了然。

今天，以 RFID 技术为核心等智能识别设计在包装设计尤其是食品、药品包装中得到了比较广泛的应用。

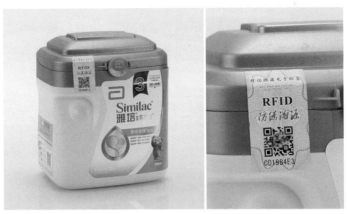

图 6.21　RFID 标签

### 2. 功能结构型智能包装

功能结构型智能包装是指在保证传统包装基本功能的基础上，通过改变包装结构，使其承担更多有效的功能。该包装是利用物理结构原理，通过改变、增加、优化部分包装结构，或从物理构造方面设计创新，使包装在某些方面具备智能性或特定功能，增强产品包装的安全性、便捷性、可靠性以及智能性，使之适用于特殊的应用场景或者满足消费者个性化的需求。

自动升温包装是利用卷封或者压铸成型的方式制成多层级互相隔离的几种物质，使用时可以通过指定的方法使几种物质相互混合发生化学反应，其工作原理是利用氯化镁、铁等材料与水组成的加热剂，通过反应释放出热量来加热内装物。如自加热的盒饭（如图 6.22 所示）、自加热清酒罐、自加热咖啡罐装饮料等。自动冷却包装则是利用物理原理，通过干燥剂、冷却剂等物质升华吸收热量来降低温度。

视频 3：小米自动洗手液

小米自动洗手液包装也是通过结构创新而实现，包装容器分为上下两个部分，第一部分是自动感应驱动装置，第二部分是瓶装洗手液。容器喷嘴下有一个感应区，手伸过去洗手机就自动出洗手液泡。小米智能包装不断改进，与 LINE FRIENDS 合作，带来联名定制产品，莎莉定制版的自动洗手液更重视色彩和造型设计，生动有趣的形态，不仅使用便捷，同时增添了生活的情趣。

随着科技发展，大量传统包装将通过设计创新不断改变或完善原有功能，智能包装延展了包装的使用价值，包装与产品的界限变得越来越模糊。"互联网＋"智能包装功能已悄然改变着人们的生活方式，让生活变得更加便捷、美好。

图 6.22　自热米饭包装

### 3. 功能材料型智能包装

以新型材料来完善包装的功能，也是"互联网 +"智能包装的发展途径。20 世纪 90 年代已开发出可用于包装的导电高分子新型材料，主要采取复合应用的方法。该材料具有良好的导电性和稳定性，有些还具有耐热性、电致变色性、光电转换特性、非线性光学特性、电磁吸波特性以及可催化性，因此，广泛地应用于防静电包装、电磁屏蔽包装、隐身包装、包装的智能观察窗等方面。与功能结构型智能包装的自动加热和降温等功能不同，功能材料型智能包装通常采取将具有气味敏感、温度变化敏感、光电感知的功能材料融合到包装中，从而使包装对外部环境变化具备感知和识别功能，实现对包装内容物温度、湿度、密封性等的有效监控。

一般来说，材料智能型主要表现在三个方面：变色包装材料，是指材料在受到外界特定激发源刺激时，通过改变颜色做出反馈，这种材料可用于包装图形显示、信息记录、警示提醒、防伪保护等；发光包装材料，即材料在受到外界影响时，能以某种形式吸收能量，并以光的形式表现出来，如一些特殊的印刷油墨材料，可以使包装视觉传达出与众不同的效果；活性包装材料，是具有特定物质吸收剂或释放剂的包装材料，可以改变包装内部氧气和二氧化碳浓度、温湿度、PH 值及微生物含量，创造适宜内装物储藏的气体环境，延长产品的保质期，常用于生鲜食品、医药包装等领域。

材料智能型的包装用途十分广泛，技术发展十分迅速，许多技术已广泛用于产品包装。如美国国际造纸公司采用以色列能量纸公司（PowerPaper）开发出来的一种超薄柔软电池，新型电池可像油墨一样被"印刷"在产品的包装上，使之增加灯光、声音以及其他一些特殊效果。柔性电子和印刷电子已经在包装中得到较多应用，品牌认证无疑使智能包装成为另一个驱动因素。2019 年年底，新加坡可口可乐公司限量推出 8000 瓶《星球大战 9：天行者崛起》的特别版，引起可口可乐迷和星球大战粉丝的追捧。每个可乐瓶都包含智能标签，标签带有内置的电池和柔性的 OLED 显示屏，按压包装纸上的特殊标签，Rey 和 Kylo Ren 手中的光剑就会发光（见图 6.23）。据说，由电池供电的 OLED 瓶大约可以点亮 500 次。

视频 4：可口可乐
发光标签

图 6.23　星球大战 9 可乐瓶

此外，利用智能防伪材料的光、电、磁等技术，还可以增强包装防伪效果，实现包装的有效防护。

智能包装承载着从产品认证、供应链物流到与消费者互动等各种不同的功能，其独特优势早已吸引着各大品牌商。互联网时代，品牌商正在努力追求与消费者的互动，这些互动能够有效增强消费者对品牌的黏性，在实现品牌差异化的同时提高消费者的关注度。在智能包装进一步量产化的过程中，既需要以消费者的价值观为导向，也需要不断控制材料和生产成本，只有这样才能有效地推动智能包装的广泛应用。

基于"互联网＋"的智能包装在人们生活中已发挥着重要的作用，借助各种创新技术手段的载体，它使传统意义上的包装功能得到延伸，能够满足数字时代人们各种不同的包装需求。高新技术的浪潮将系列化包装设计推向了更高的发展境界。

# 参考文献

## 一、图书

[ 1 ]（美）贾尔斯·卡尔弗 . 什么是包装设计？ [M]. 吴雪杉，译 . 北京：中国青年出版社，2006：50-58.

[ 2 ] 王炳南 . 包装设计 [M]. 北京：文化发展出版社，2016：114-130.

[ 3 ] 马格达莱娜·多布鲁克 . 品牌插画：画出来的品牌吸引力 [M]. 李婵，洪澳译 . 沈阳：辽宁科学技术
出版社，2021：46-51.

[ 4 ]（美）克里姆切克，（美）科拉索维克 . 包装设计品牌的塑造从概念构思到货架展示 [M]. 李慧娟译 .
上海：上海人民美术出版社，2008：199-202.

[ 5 ] 唐纳德·诺曼 . 情感化设计 [M]. 付秋芳，程进三，译 . 北京：电子工业出版社，2005：44.

[ 6 ]（英）比尔·斯图尔特包装设计培训教程 [M]. 张益旭，傅懿瑾，冯赟，译 . 上海：上海人民美术出版
社，2009：28-33.

[ 7 ] 沈婷，郭大泽 . 文创品牌的秘密 – 从创意设计到营销 [M]. 南宁：广西美术出版社，2017：23-29.

[ 8 ] 周月麟 . 品牌整合与创新设计 [M]. 北京：清华大学出版社，2015：21-28.

[ 9 ] 过山，杨艳平，陈艳球 . 系列化包装设计 [M]. 北京：清华大学出版社，2011：35-39.

[10][美] 艾·里斯（Al Ries），杰克·特劳特（Jack Trout）. 定位：争夺用户心智的战争 [M]. 邓德隆，
烨强，译 . 北京：机械工业出版社，2021：3-7.

[11] 沃尔夫冈·谢弗（Wolfgang Chaefer），J. P. 库尔文（J. P. Kuehlwein）品牌思维：世界一线品牌的 7 大
不败奥秘 [M]. 李逊楠，译 . 苏州：古吴轩出版社，2017：194-197.

[12] 靳埭强 . 品牌设计 100+1：100 个品牌商标与 1 个品牌形象设计案例 [M]. 北京：北京大学出版社，
2016：172-175.

[13][英] 迈克尔·约翰逊 . 品牌设计全书 [M]. 王树良，译 . 上海：上海人民美术出版社，2020：193-
199.

[14] 王海忠 . 品牌管理 [M]. 呼和浩特：内蒙古人民出版社，2014：20-25.

## 二、期刊

[15] 冯炜 . "品牌识别"与"品牌形象"的概念辨析 [J]. 装饰，2010（11）. 129-130.

[16] 王文杰，张大鲁 . 包装设计中的 IP 形象设计方法思考 [J]. 湖南包装，2021，36（14）：52-54.

[17] 刘潇，周欣越 . 基于新文创视角的文化 IP 体系构建研究 [J]. 包装工程，2022，43（10）：183-189.

[18] 李雅，李光安 . 包装图形设计中的创意思维探究 [J]. 包装工程，2018，39（10）：226-228.

[19] 姜柳 . 基于品牌生态系统的品牌包装设计与创新 [J]. 设计 . 2020，33（9）：74-75.

[20] Keith Loria 编译 / 李花，袁江平 . 智能化引领包装新趋势 [J]. 今日印刷 . 2020（2）：29-33

[21] 张振中 . "盲盒经济"模式下盲盒产品包装设计研究 [J]. 包装工程，2021，42（8）：227-233.

［22］邱晓红. 国内外智能包装发展新动态 [J]. 印刷杂志，2020（2）：5.

［23］邓巧云，聂济世，徐丽，等. 绿色包装与智能包装结合探析 [J]. 包装学报，2021，13（2）：74-80

［24］邱松. 创新与管理——基于品牌战略的创新设计 [J]. 装饰，2014（4）：27-31.

［25］余晓宝，凌继尧. 艺术学视角下的品牌研究 [J]. 装饰，2017（9）：20-24.

［26］Melika Husić-Mehmedović, Ismir Omeragić, Zenel Batagelj,Tomaž Kolar.Seeing is not necessarily liking: Advancing research on package design with eye-tracking[J]. Journal of Business Research, 2017 (80): 145-154

［27］Thomas J.L. van Rompay, Florien Deterink, Anna Fenko. Healthy package, healthy product? Effects of packaging design as a function of purchase setting[J]. Food Quality and Preference, 2016 (53): 84-89

［28］Siripuk Ritnamkam, Nopadon Sahachaisaeree. Package Design Determining Young Purchasers 'Buying Decision: A Cosmetic Packaging Case Study on Gender Distinction[J]. Procedia-Social and Behavioral Sciences, 2012 (38): 373-379.

［29］Manon Favier, Franck Celhay, Gaëlle Pantin-Sohier. Is less more or a bore? Package design simplicity and brand perception: an application to Champagne[J]. Journal of Retailing and Consumer Services, 2019 (46): 11-20